ISW 17

Berichte aus dem Institut für Steuerungstechnik
der Werkzeugmaschinen und Fertigungseinrichtungen
der Universität Stuttgart

Herausgegeben von Prof. Dr.-Ing. G. Stute

K. Boelke

Analyse und Beurteilung von Lagesteuerungen für numerisch gesteuerte Werkzeugmaschinen

Springer-Verlag
Berlin · Heidelberg · New York 1977

D 93

Mit 56 Abbildungen

ISBN-13: 978-3-540-08217-0   e-ISBN-13: 978-3-642-81137-1
DOI: 10.1007/978-3-642-81137-1

Vorwort des Herausgebers

Das Institut für Steuerungstechnik der Werkzeugmaschinen und Fertigungseinrichtungen der Universität Stuttgart befaßt sich mit den neuen Entwicklungen der Werkzeugmaschine und anderen Fertigungseinrichtungen, die insbesondere durch den erhöhten Anteil der Steuerungstechnik an den Gesamtanlagen gekennzeichnet sind. Dabei stehen die numerisch gesteuerte Werkzeugmaschine in Programmierung, Steuerung, Konstruktion und Arbeitseinsatz sowie die vermehrte Verwendung des Digitalrechners in Konstruktion und Fertigung im Vordergrund des Interesses.

Im Rahmen dieser Buchreihe sollen in zwangloser Folge drei bis fünf Berichte pro Jahr erscheinen, in welchen über einzelne Forschungsarbeiten berichtet wird. Vorzugsweise kommen hierbei Forschungsergebnisse, Dissertationen, Vorlesungsmanuskripte und Seminarausarbeitungen zur Veröffentlichung.

Diese Berichte sollen dem in der Praxis stehenden Ingenieur zur Weiterbildung dienen und helfen, Aufgaben auf diesem Gebiet der Steuerungstechnik zu lösen. Der Studierende kann mit diesen Berichten sein Wissen vertiefen.

Unter dem Gesichtspunkt einer schnellen und kostengünstigen Drucklegung wird auf besondere Ausstattung verzichtet und die Buchreihe im Fotodruck hergestellt.

Der Herausgeber dankt dem Springer-Verlag für Hinweise zur äußeren Gestaltung und Übernahme des Buchvertriebs.

Stuttgart, im Februar 1972

Gottfried Stute

Inhaltsverzeichnis

<u>Schrifttum</u>

[1] Herold, H.H.,
    Maßberg, W.,
    Stute, G.

Die numerische Steuerung in der
Fertigungstechnik.
Düsseldorf: VDI-Verlag 1971.

[2] Stute, G.

Steuerungstechnik der Werkzeugmaschinen I und II.
Manuskript zur Vorlesung 1975/1976.

[3] VDI 3427
    (Vorentwurf)

Dynamisches Verhalten von numerischen
Bahnsteuerungen an Werkzeugmaschinen,
(unveröffentlicht).

[4] Boelke, K.

Messungen an Lageregelkreisen. In
"Die Lageregelung an Werkzeugmaschinen".
Selbstverlag des Institutes für Steuerungstechnik der Werkzeugmaschinen und
Fertigungseinrichtungen, 3. überarbei-
tete Auflage, Stuttgart, 1975. Herausgeber Prof. Dr.-Ing. G. Stute.

[5] Schmid, D.

Die numerische Bahnsteuerung. Beitrag
zur Informationsverarbeitung und Lageregelung.
Berlin/Heidelberg/New York:
Springer-Verlag 1972.

[6] Augsten, G.,
    Boelke, K.,
    Schmid, D.,
    Stute, G.

Die Lageregelung an Werkzeugmaschinen.
Selbstverlag des Institutes für Steuerungstechnik der Werkzeugmaschinen und
Fertigungseinrichtungen, 2. überarbei-
tete Auflage, Stuttgart, 1973.

[7] Augsten, G.

Hydraulische Antriebe an numerisch ge-
steuerten Werkzeugmaschinen.
Ölhydraulik und Pneumatik 12 (1968)
Nr. 12, S. 593...599.

[8] Augsten, G.,
    Bumiller, S.

Gesichtspunkte zur Auslegung ölhydrau-
lischer Vorschubantriebe.
Steuerungstechnik 1 (1968) Nr. 3,
S. 102...107.

[9] Boelke, K.

Elektrische Antriebe an Werkzeugma-
schinen.
Steuerungstechnik 5 (1972) und 6 (1973).
St. Lehrblätter STL 72.4 ... 73.4.

[10] Friedrich, G.

Eigenschaften elektrohydraulischer Vorschubantriebe im Bereich kleiner Dreh-
zahlen.
Diss. TH Aachen, 1965.

[11] Hofmann, W.   Untersuchungen an Vorschubantrieben für numerisch gesteuerte Werkzeugmaschinen.
Diss. TH Aachen, 1965.

[12] Kümmel, F.   Elektrische Antriebstechnik.
Berlin/Heidelberg/New York:
Springer Verlag 1965.

[13] Lück, J.   Einflußgrößen auf das Zeitverhalten elektrohydraulischer Vorschubantriebe.
Diss. TH. Aachen, 1968.

[14] Pfaff, G.   Regelung elektrischer Antriebe I.
Methoden der Regelungstechnik.
München/Wien: Oldenbourg Verlag 1971.

[15] Stute, G.   Untersuchungen über die Verwendbarkeit von Gleichstrommaschinen als Vorschubantriebe für numerisch gesteuerte Werkzeugmaschinen.
VDW-Bericht 1003, 1971.

[16] Boelke, K.   Verhalten elektrischer und elektrohydraulischer Vorschubantriebe für bahngesteuerte Werkzeugmaschinen.
wt-Z.ind.Fertig.64 (1974), S.687...693.

[17] Boelke, K.   Strombegrenzung bei numerisch gesteuerten Werkzeugmaschinen.
Essen: Girardet-Verlag:HGF-Kurzberichte (Lose-Blatt-Sammlung) Blatt 73/6.

[18] Dutcher, J.I.   Maschinengestaltung und Regelantrieb für numerische Steuerungen.
GET 3210.2 Int.General Electric GmbH, Frankfurt.

[19] Opitz, H.   Auslegung von Vorschubantrieben für NC-Maschinen.
VDW-Konstrukteur-Arbeitstagung.
TH. Aachen, 1969.

[20] Augsten, G., Schmid, D.   Einfluß von Spiel und Reibung auf die Konturfehler bahngesteuerter Werkzeugmaschinen.
Steuerungstechnik 2 (1969) H. 3
S. 103...108.

[21] Jorden, W.   Untersuchungen an einem Lageregelkreis für Werkzeugmaschinen unter besonderer Berücksichtigung des Spiels.
VDI-Fortschrittsberichte, Reihe 2, Nr. 20 (1969).

[22]   VDI 3254   Numerisch gesteuerte Werkzeugmaschinen.
                               Genauigkeitsangaben, Begriffe und sta-
                               tische Kenngrößen, 1971.

[23]   Stute, G.,   Typische Konturfehler bei der Werk-
       Schmid, D.,   stückbearbeitung mit numerischen Bahn-
                               steuerungen. Annals of the C.I.R.P.
                               Vol. XVIII (1970), S. 531...540.

[24]   Kopperschläger,   Über die Auslegung mechanischer Übertra-
       F. D.   gungselemente an numerisch gesteuerten
                               Werkzeugmaschinen.
                               Diss. TH. Aachen, 1969.

[24]   Schmid, D.,   Verringerung dynamischer Bahnabwei-
       Hofmann, R.   chungen bei NC-Maschinen durch Soll-
                               bahnverzerrungen. Essen: Girardet-Verlag:
                               HGF-Kurzberichte (Lose-Blattsammlung)
                               Blatt 72/50.

Formelzeichen und Abkürzungen

a	Beschleunigung	A	Abweichung
f	Frequenz	C	Konstante
h	Spindelsteigung	D	Dämpfungsgrad
i	Getriebeübersetzung	E	induzierte Spannung
j	imaginäre Einheit $\sqrt{-1}$	F	Kraft
n	Drehzahl	$F(j\omega)$	Frequenzgang
p	Druck	I	Ankerstrom; Vergleichs-regelfläche; Integral
q	Volumenstrom		
s	Weg	J	Massenträgheitsmoment
t	Zeit	K	Verstärkung; Konstante
v	Geschwindigkeit	L	Induktivität
x	Lagewert der X-Achse	M	Moment; Drehmoment
y	Lagewert der Y-Achse	P	Proportional
z	Lagewert der Z-Achse	PI	Proportional-Integral-
		R	Radius, Widerstand
α	Winkel bezüglich der natürlichen Achsen	T	Zeitkonstante
		U	Spannung
β	Eckenwinkel, Kompression	V	Volumen
γ	Startwinkel		
ξ	Aussteuerungsgrad	W	Werkstück/Werkzeug
φ	Phasenwinkel	X	Maschinenachse
ω	Kennkreisfrequenz	Y	Maschinenachse
Δ	Differenz	Z	Maschinenachse

Indizes:

a	Ankerkreis	t	Tot-
d	Differenz	v	Geschwindigkeit
f	Vorschub	w	Führung
g	Grenz-	x	X-Richtung
ges	Gesamt-	y	Y-Richtung
i	Istwert	z	Z-Richtung
max	maximal		
mech	mechanisch	σ	Störung
n	1,2...n, Nachstell-	O	Grundwert, Kennwert, Konstanter Wert
öl	Öl-		
opt	optimal		
s	Sollwert		

A	Antrieb, Vorschubantrieb	M	Motor
B	Beschleunigung, Bahn	R	Regler
E	Ecken	S	Stör-
G	Geschwindigkeit, geschwindigkeitsgeregelte Bewegungseinheit	U	Unterschwing-
		Ü	Überschwing-
H	Hysterese	W	Werkstück/Werkzeug
ISEV	Quadratische Vergleichsregelfläche		
L	Lageregelkreis, lagegeregelte Bewegungseinheit		

Zusammengesetzte Zeichen

Die Bedeutung der zusammengesetzten Zeichen läßt sich aus den beiden obigen Aufstellungen entnehmen. Einige häufig gebrauchte Zeichen sind:

a_g	Grenzbeschleunigung
a_i	Beschleunigungsistwert
a_s	Beschleunigungssollwert
a_0	Beschleunigung des Erregersignals
n_M	Motordrehzahl
n_0	Leerlaufdrehzahl
P_0	Systemdruck
t_0	Laufzeit, Gruppenlaufzeit
v_B	Bahngeschwindigkeit
x_d	Lagedifferenz
x_H	(halbe) Hysterese
x_i	Lagewert am Ausgang des Lagemeßsystems
x_{iG}	Lagewert der geschwindigkeitsgeregelten Bewegungseinheit
x_{iL}	Lagewert der lagegeregelten Bewegungseinheit
x_{iW}	Lagewert des Werkzeugs bzw. Werkstücks in X-Richtung
x_s	Lage-Sollwert

A_E Eckenabweichung

A_{max} Maximalabweichung

A_U Unterschwingabweichung

$A_{\ddot{U}}$ Überschwingabweichung

C_M Motokonstante

D_A Dämpfungsgrad des Antriebs

D_G Dämpfungsgrad des Geschwindigkeitsregelkreises mit abgekoppeltem mechanischen Übertragungssystem

D_{mech} Dämpfungsgrad des mechanischen Übertragungssystems

$F_A(j\omega)$ Frequenzgang des Antriebs

$F_G(j\omega)$ Frequenzgang des Geschwindigkeitsregelkreises

$F_L(j\omega)$ Frequenzgang des Lageregelkreises

$F_{mech}(j\omega)$ Frequenzgang der mechanischen Übertragungsglieder

F_σ Kraft auf Antrieb

$F_S(j\omega)$ Störfrequenzgang

J_{ges} Gesamtmassenträgheitsmoment

K_v Geschwindigkeitsverstärkung

L_a Ankerinduktivität

M_B Beschleunigungsdrehmoment

M_M Motordrehmoment

R_a Ankerwiderstand

T_t Totzeit, Ersatztotzeit

T_R Zeitkonstante des Reglers

V_0 gesamtes totes Ölvolumen eines Hydraulikmotors

$\beta_{\ddot{O}l}$ Kompressionszahl für Öl

φ_A Phasennacheilung des Antriebs

φ_G Phasennacheilung des Geschwindigkeitsregelkreises

φ_{mech} Phasennacheilung der mechanischen Übertragungsglieder

ω_{OA} Kennkreisfrequenz des Antriebs

ω_{OG} Kennkreisfrequenz des Geschwindigkeitsregelkreises mit abgekoppeltem mechanischen Übertragungssystem

ω_{Omech} Kennkreisfrequenz des mechanischen Übertragungssystems

Die verwendeten Bezeichnungen und Formelzeichen orientieren sich an den folgenden Vorschriften und Empfehlungen:

DIN 1302   Mathematische Zeichen

DIN 1304   Allgemeine Formelzeichen

DIN 1311   Schwingungslehre, Benennungen

DIN 1319   Grundbegriffe der Meßtechnik

DIN 5488   Zeitabhängige Größen, Benennungen der Zeitabhängigkeit

DIN 19226   Regelungstechnik und Steuerungstechnik, Begriffe und Benennungen

DIN 19229 (Entwurf)   Übertragungsverhalten dynamischer Systeme, Begriffe

DIN 19236 (Entwurf)   Optimierung, Begriffe

VDI 3422   Numerisch gesteuerte Arbeitsmaschinen

O EINLEITUNG UND AUFGABENSTELLUNG

Die numerische Bahnsteuerung erzeugt bei Werkzeugmaschinen die Relativbewegung zwischen Werkstück und Werkzeug mit bestimmter Geschwindigkeit längs einer numerisch beschriebenen Bahn beliebiger Form. Die Bahn entsteht hierbei durch Simultanbewegungen von mindestens zwei Koordinaten (z.B. Maschinenschlitten).

Die numerische Bahnsteuerung verarbeitet die aus einem Datenträger (z.B. Lochstreifen) eingelesenen, die Werkstückbearbeitung beschreibenden Daten und berechnet im Interpolator die Führungsgrößen, d.h. die zeitliche Folge diskreter Lagesollwerte für die Lagesteuerungen der an der Bahnerzeugung beteiligten Achsen (Führungsgrößenerzeugung $x_s(t)$, $y_s(t)$...(Bild 0-1)). Außerdem wird durch die Lagesteuerungen dann das Werkstück bzw. Werkzeug den im Interpolator berechneten Lagesollwerten nachgeführt (Istgrößenerzeugung) [1,2,3].

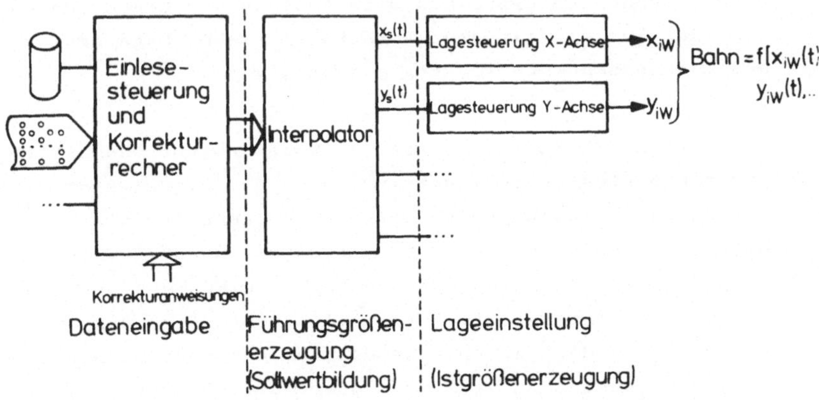

Bild 0-1: Signalflußplan für die Verarbeitung von Weginformationen bei numerischer Bahnsteuerung

Die ineinandergreifenden Funktionsgruppen der Lagesteuerung
sind der Vorschubantrieb, die mechanischen Übertragungsglieder und der Lageregelkreis.

Bei der Istgrößenerzeugung, d.h. bei der Lageeinstellung,
bestimmt das Übertragungsverhalten der Lagesteuerungen Art
und Größe der linearen und nichtlinearen Signalverzerrungen.
Durch diese entstehen sowohl im eingeschwungenen Zustand
als auch bei Einschwingvorgängen Bahnverzerrungen und
Bahnabweichungen von der Sollbahn.

Bei der Inbetriebnahme von Bahnsteuerungen, beim Einsatz
neuartiger Antriebe, elektrischer, hydraulischer und mechanischer Übertragungsglieder, bei Neukonstruktionen und
nach Dauerlaufversuchen treten häufig Bahnverzerrungen auf,
deren Ursachen zunächst nicht bekannt sind.

Die Aufgabe besteht deshalb darin, Ort der Entstehung und
Art der linearen und nichtlinearen Signalverzerrungen in
den Lagesteuerungen zu ermitteln und qualitativ und quantitativ ihre Auswirkungen auf Bahnabweichungen bei unterschiedlichen Testbahnen zu untersuchen. Dies setzt eine
theoretische und experimentelle Analyse von Lagesteuerungen,
d.h. der Funktionsgruppen Vorschubantriebe, Lageregelkreise
und mechanische Übertragungsglieder, voraus.

Ziel ist es, Beurteilungskriterien für Lagesteuerungen zu
erarbeiten. Hierdurch können dem Konstrukteur und Entwicklungs-
ingenieur einerseits Kenntnisse über die Signalverarbeitung
in den Lagesteuerungen vermittelt und andererseits Richtli-
nien für die Dimensionierung von Lagesteuerungen, Optimierung von Geschwindigkeits- und Lageregelkreisen, Programm-
mierung und Interpolation (gewollte Führungsgrößenverzerrung) an die Hand gegeben werden, um Bahnverzerrungen bzw.
Bahnabweichungen zu vermeiden oder zu verringern.

1 BAHNERZEUGUNG IM INTERPOLATOR UND IN DEN LAGE-STEUERUNGEN

Bei der numerischen Bahnsteuerung werden in einem numerischen
Interpolator die Führungsgrößen für die Lagesteuerungen der
Maschinenachsen berechnet und in den Lagesteuerungen die Ist-
größen am Werkstück bzw. Werkzeug erzeugt (Nachführen und
Positionieren der Maschinenachsen gemäß den erzeugten Füh-
rungsgrößen [3]).

1.1 Interpolator (Führungsgrößenerzeugung)

Der Interpolator ist ein Rechner, der aus wenigen eingegebenen charakteristischen Daten der Bahn eine Punkt-
folge errechnet, die von den Lagesteuerungen direkt verarbeitet werden kann [2] . Die in die Steuerung eingelesenen Daten beschreiben hierbei u.a. die Intepolations-
art, die Bahngeschwindigkeit und die Geometrie, wozu
Anfangs-, End- und Hilfspunkte zählen.
Mit Hilfe eines Korrekturrechners können dabei werkzeug-
spezifische Modifikationen der eingegebenen Bahn vorge-
nommen werden [3] und durch gewollte zeitliche Verzerrung
der Führungsgrößen die durch das Übertragungsverhalten der
Lagesteuerungen verursachten Bahnabweichungen beeinflußt
werden (Führungsgrößenbeeinflussung).

Betrachtet man die Bahnsteuerung als Informationskanal
zwischen der Dateneingabe in die numerische Steuerung
und der Werkstückbearbeitung, dann sind nach [5] die
Lagesteuerungen die Übertragungsglieder mit der kleinsten
Bandbreite. Von daher gesehen können Bedingungen an das
Frequenzspektrum der Eingangssignale für die Lagesteuerungen
abgeleitet werden. Schaltet man zum Beispiel einen Tiefpaß
hinter den Interpolator, dann werden die hohen Frequenzen
des Eingangssignals herausgefiltert, so daß durch diese
gewollte Sollwertverzerrung sowohl lineare als auch
nichtlineare Signalverzerrungen in den Lagesteuerungen
reduziert werden können.

Bei den folgenden theoretischen und experimentellen
Untersuchungen an verschiedenen Lagesteuerungen wird
zunächst Integralverhalten der Interpolatoren vorausgesetzt, so daß sich zum Beispiel bei sprungartiger Änderung einer Komponente der programmierten Bahngeschwindigkeit Anstiegsfunktionen als Führungsgrößen für die
Lagesteuerungen ergeben.

1.2   <u>Lagesteuerung</u> (Istgrößenerzeugung)

Bei numerisch gesteuerten Werkzeugmaschinen unterscheidet
man hinsichtlich der Istgrößenerzeugung zwischen

> Lagesteuerungen mit Schrittmotoren und
>
> Lagesteuerungen mit Lageregelkreisen.

Im ersten Fall werden Schrittmotoren als elektromecha-
nische Umsetzer verwendet, die zum Zwecke der Drehmo-
mentenverstärkung interne Folgeregelungen enthalten [3].
Die Schrittmotorenlösung konnte sich in Europa nicht
durchsetzen und wird auch in naher Zukunft sicherlich
aufgrund der hohen Anforderungen an die Lagesteuerungen
nur in wenigen Sonderfällen eingesetzt werden können
[1, 2, 16].

Bei Lagesteuerungen mit Lageregelkreisen wird zum Zwecke
der Regelung die Lage des Werkstücks bzw. Werkzeugs oder
eines beliebigen mechanischen Übertragungssystems, das
mit dem Werkstück bzw. Werkzeug gekoppelt ist, gemessen.

Hierbei unterscheidet man in Abhängigkeit vom Meßort
zwischen der sogenannten "direkten Lagemessung" und
"indirekten Lagemessung".

Bei der direkten Lagemessung wird die Lage des Supports oder
ein mit diesem starr und spielfrei gekoppeltes mechanisches
Element gemessen. Hierbei wird in der Lageregeleinrichtung der
vom Lagemeßsystem ermittelte Lage-Istwert x_i mit dem Lage-
Sollwert x_s (Ausgangssignal des Interpolators) verglichen. Bei
proportionalem Verhalten des Lagereglers erzeugt dieser in
Abhängigkeit von der Lagedifferenz x_s-x_i den Sollwert v_s für
den Vorschubantrieb, im folgenden vielfach auch kurz Antrieb
genannt (<u>Bild 1-1</u>).

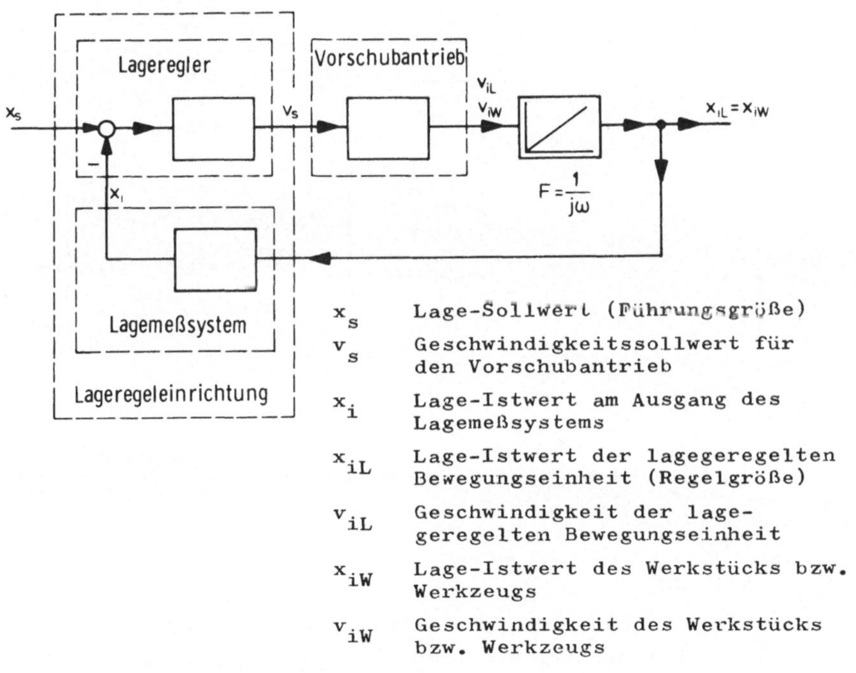

x_s	Lage-Sollwert (Führungsgröße)
v_s	Geschwindigkeitssollwert für den Vorschubantrieb
x_i	Lage-Istwert am Ausgang des Lagemeßsystems
x_{iL}	Lage-Istwert der lagegeregelten Bewegungseinheit (Regelgröße)
v_{iL}	Geschwindigkeit der lagegeregelten Bewegungseinheit
x_{iW}	Lage-Istwert des Werkstücks bzw. Werkzeugs
v_{iW}	Geschwindigkeit des Werkstücks bzw. Werkzeugs

<u>Bild 1-1</u>: Signalflußplan eines Lageregelkreises als Sonder-
fall der Lagesteuerung

In der Praxis hat sich eingebürgert, auch dann von "direkter Lagemessung" zu sprechen, wenn zwischen der Lagemeßeinrichtung am Support und dem Angriffspunkt der Kraft zwischen Werkzeug und Werkstück mechanische Übertragungsglieder liegen, die zusätzliche lineare und nichtlineare Signalverzerrungen verursachen können.

Bei der "indirekten Lagemessung" wird die Lage des Supports indirekt zum Beispiel an der Motorwelle oder wie in __Bild 1-2__ an der Spindel gemessen und geregelt. Dann aber liegt eine Steuerkette nach DIN 19226 vor.

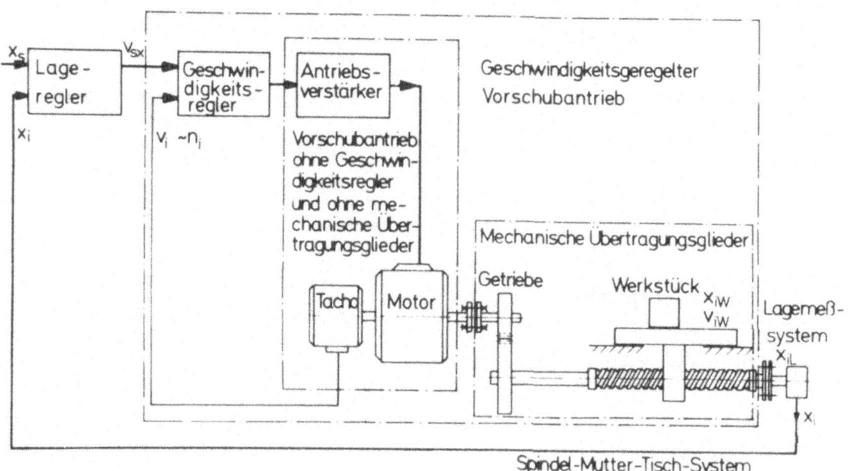

<u>Bild 1-2</u>:

Lagesteuerung ("indirekte Lagemessung") am Beispiel Gleichstromantrieb mit Getriebe und Spindel-Mutter-Tischsystem. Geschwindigkeitsmessung für den geschwindigkeitsgeregelten Vorschubantrieb indirekt an der Motorwelle mit Hilfe eines Tachogenerators. Lagemessung indirekt an der Spindel mit Hilfe eines Winkelgebers.

<u>Bild 1-3</u> zeigt die grundsätzliche Struktur einer Lage-
steuerung mit den Funktionsgruppen

- Vorschubantrieb
- Lageregelkreis
- Mechanisches Übertragungssystem zwischen
  der lagegeregelten Bewegungseinheit und
  dem Werkstück bzw. Werkzeug

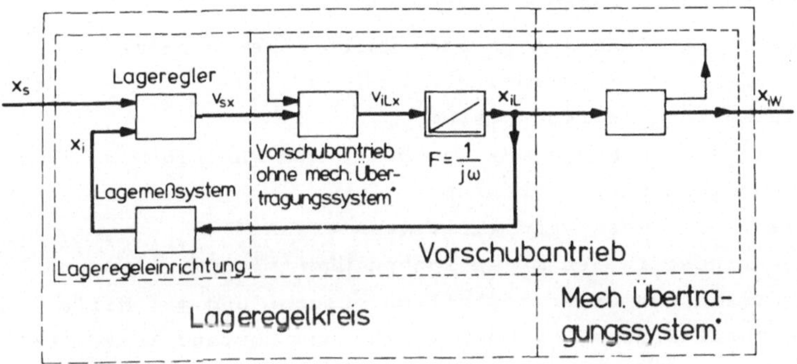

*zwischen lagegeregelter Bewegungseinheit und
Werkstück/Werkzeug

<u>Bild 1-3</u>: Signalflußplan einer Lagesteuerung (Beispiel
X-Achse mit indirekter Lagemessung) bei
Führung (Istgrößenerzeugung)

2   ANALYSE UND VERHALTEN DER EINZELNEN FUNKTIONSGRUPPEN

Für die Beurteilung von Lagesteuerungen mit Lageregelkreisen müssen durch A n a l y s e der Funktionsgruppen

- Vorschubantrieb (Regelstrecke des Lageregelkreises)
- Lageregelkreis
- Mechanisches Übertragungssystem zwischen Lagemeßsystem und Werkstück/Werkzeug

deren Aufgabe, Struktur und Übertragungsverhalten (Beharrungsverhalten und Zeitverhalten bei Führung und Störung) ermittelt und die Regelkreise (Geschwindigkeitsregelkreis, Lageregelkreis) optimiert werden.

Die einzelnen Funktionsgruppen werden hierzu unter besonderer Berücksichtigung der

-Totzeit im Antriebssystem

-elastischen Koppelung von Motor und Maschine

-Beschleunigungsbegrenzung

-variablen Geschwindigkeitsverstärkung

-Hysterese in den mechanischen Übertragungsgliedern

theoretisch und experimentell untersucht und mit Hilfe von Blockschaltbildern, Frequenzgängen und Zustandskurven beschrieben.

2.1 Vorschubantrieb

2.1.1 Aufgabe und Struktur

Die Aufgabe des Vorschubantriebs besteht darin, das von der Lageregeleinrichtung des überlagerten Lageregelkreises erzeugte Stellsignal in eine entsprechende Bewegung der lagegeregelten Bewegungseinheit bzw. des Werkstücks/Werkzeugs umzusetzen. Diese Aufgabe muß auch unter dem Einfluß einer Beanspruchung zum Beispiel durch Schnitt-, Reib- und Gewichtskräfte erfüllt werden.

Bei numerisch gesteuerten Werkzeugmaschinen ist dieses Stellsignal zugleich Führungsgröße des geregelten Vorschubantriebs. Dieser umfaßt nach [1] definitionsgemäß alle Einrichtungen vom Ausgangssignal der Lageregeleinrichtung bis zum Angriffspunkt der Kraft zwischen Werkstück und Werkzeug.

Die Ausgangsgröße des Antriebssystems für die Lageeinstellung ist die Geschwindigkeit v_{iL} der lagegeregelten Bewegungseinheit [5] . Das Integralglied, welches zwischen Geschwindigkeit und Lage steht, ist jeweils ausgenommen, da dieses nur den mathematischen Zusammenhang zwischen Weg und Geschwindigkeit wiedergibt.

Die <u>Struktur</u> des Vorschubantriebs ist grundsätzlich eine Kettenstruktur. Diese setzt sich praktisch immer aus einem Geschwindigkeitsregelkreis und mechanischen Übertragungsgliedern zwischen Geschwindigkeitsmeßsystem und Werkstück bzw. Werkzeug zusammen.

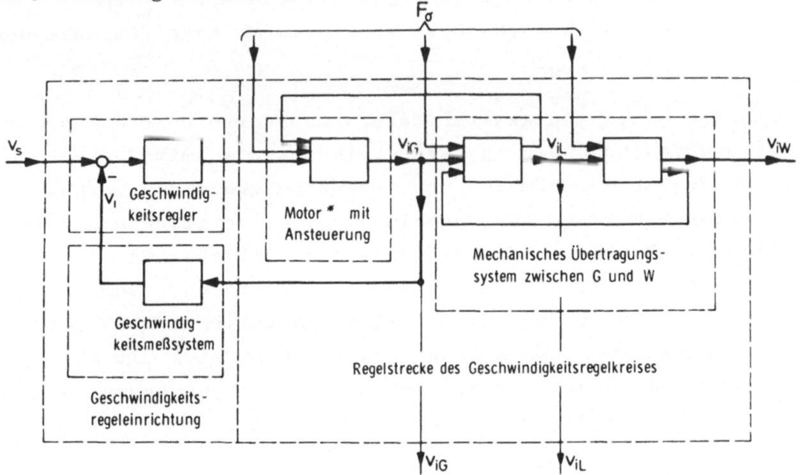

*einschließlich mechanischem Übertragungssystem zwischen Motor und geschwindigkeitsgeregelter Bewegungseinheit

<u>Bild 2-1</u>:

Strukturbild eines Vorschubantriebs als Komponente eines Folgesystems mit "indirekter Lagemessung" (G=Geschwindigkeitsmeßsystem, W=Werkstück/Werkzeug)

Die Geschwindigkeit des Vorschubantriebs wird meist
i n d i r e k t mit Hilfe eines Tachogenerators (Dreh-
zahlmeßsystem) gemessen. In diesem Fall tritt an die Stelle
des Geschwindigkeitsregelkreises ein Drehzahlregelkreis.

__Bild 2-1__ zeigt bei geräteorientierter Betrachtungsweise
Struktur und Signalflußplan eines Vorschubantriebs be-
stehend aus Geschwindigkeitsregelkreis und mechanischen
Übertragungsgliedern zum einen zwischen Geschwindigkeits-
meßsystem (G) und Lagemeßsystem (L) als auch zwischen
Lagemeßsystem und Werkstück/Werkzeug (W).

Hierbei unterscheidet man die Geschwindigkeit
- der geschwindigkeitsgeregelten Bewegungseinheit
  v_{iG} (Regelgröße des Geschwindigkeitsregelkreises)
- der lagegeregelten Bewegungseinheit v_{iL} und
- des Werkstücks bzw. Werkzeugs am Angriffspunkt der
  Kraft v_{iW}.

In der Geschwindigkeitsregeleinrichtung wird die Führungsgröße des Geschwindigkeitsregelkreises v_s mit der zu re-
gelnden Größe, nämlich der Geschwindigkeit der geschwindigkeitsgeregelten Bewegungseinheit v_{iG}, verglichen und in
Abhängigkeit vom Ergebnis dieses Vergleichs ein Signal
an die Stellglieder (z.B. Antriebsverstärker, Servoven-
tile) erzeugt. Hierdurch soll die Regelgröße auch unter
der Einwirkung von Kräften bzw. Drehmomenten mit möglichst geringer Zeitverzögerung an die Führungsgröße an-
geglichen werden.

2.1.2 Beharrungsverhalten

Das Beharrungsverhalten der Vorschubantriebe kennzeichnet
die gegenseitige Zuordnung von (Ist-) Geschwindigkeit der
lagegeregelten Bewegungseinheit zur Führungsgröße v_s bzw.
Störgröße (Kraft F_σ, Moment M_σ).
Die Geschwindigkeitsregeleinrichtungen der Vorschubantriebe
für NC-Werkzeugmaschinen erfordern aufgrund des Unempfind-
lichkeitsbereichs der Motoren und Verstärker immer einen
Integralanteil [2,4,9,15]. Folglich ist im Beharrungszustand
die Geschwindigkeit des Antriebs unabhängig von Größe und
Richtung der Beanspruchung (Kräfte, Drehmomente).

Allerdings kommt gelegentlich bei ausgeführten Antriebssystemen der Integralanteil der Regeleinrichtung nicht voll
zur Wirkung (vergl. 2.2.2.1). Dann ist die Istgeschwindigkeit sowohl eine Funktion der Größe des Geschwindigkeits-
sollwerts als auch der Größe und Richtung der Beanspruchung
durch Reibung, Schnitt- und Gewichtskräfte [4].

2.1.3 Zeitverhalten unter Berücksichtigung der (elastisch) gekoppelten mechanischen Übertragungsglieder

Für die Beurteilung von Vorschubantrieben ist insbesondere
das Zeitverhalten von Interesse. Es ist zu unterscheiden:
das Verhalten bei Führung, d.h. das dynamische Verhalten des
Antriebssystems bei zeitlich veränderlichen Geschwindigkeits-
sollwerten, und das Verhalten bei Störung, d.h. das Zeitverhalten des Antriebs unter der Einwirkung eines zeitlich veränderlichen Störsignals, z.B. einer Kraft F_σ oder eines Dreh-
moments M_σ.

2.1.3.1 Mechanische Übertragungsglieder starr und spielfrei

Für die Ermittlung des Zeitverhaltens bei Führung und Störung
wird aus dem Blockschaltbild des elektrischen Vorschubantriebs
mit Gleichstrommotor bzw. des elektrohydraulischen Stellan-
triebs mit drosselgesteuertem Hydraulikmotor der Führungs- und
Störfrequenzgang bei starren und spielfreien mechanischen
Übertragungsgliedern abgeleitet.

Blockschaltbild des elektrischen Vorschubantriebs mit Gleichstrommotor

Betrachten wir eine Anordnung aus Gleichstrommaschine, Getriebe, Spindel, Mutter und Tisch und setzen für das Verhalten der Gleichstrommaschine das Ersatzbild des Ankerkreises ein, dann ergibt sich nach [9,15] unter Vernachlässigung von Totzeitgliedern und Nichtlinearitäten und unter der Voraussetzung, daß die mechanischen Übertragungsglieder starr und spielfrei sind, das folgende Blockschaltbild des Antriebs bei Führung und Störung (Bild 2-2):

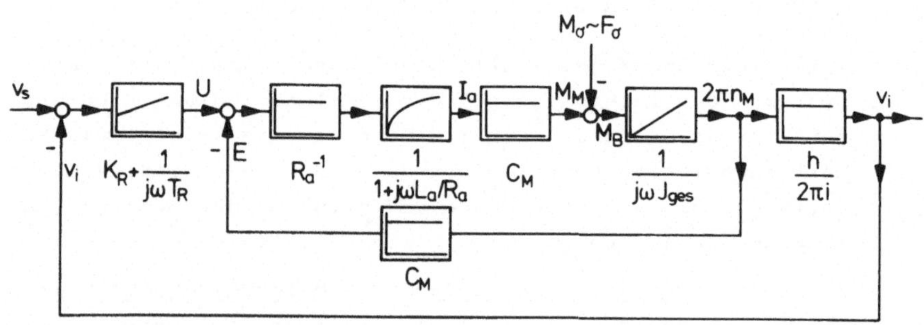

Bild 2-2: Blockschaltbild eines geschwindigkeitsgeregelten Vorschubantriebs mit Gleichstrommotor und starren, spielfreien mechanischen Übertragungsgliedern

Hierin ist

C_M	Motorkonstante	M_B	Beschleunigungsmoment
E	induzierte Spannung	M_M	Motormoment
F_σ	Störkraft	M_σ	Lastmoment, Störmoment
I_a	Ankerstrom	R_a	Ankerwiderstand
J_{ges}	Massenträgheitsmoment aller in einer Achse beweglichen Massen bezogen auf die Motorwelle	T_R	Zeitkonstante (I-Anteil der Regeleinrichtung
		U	Motorspannung
K_R	Proportionalverstärkung der Regeleinrichtung	h	Spindelsteigung
		i	Getriebeübersetzung
L_a	Induktivität	n_M	Motordrehzahl
		v	Geschwindigkeit

Blockschaltbild des elektrohydraulischen Vorschubantriebs mit drosselgesteuertem Hydraulikmotor

Aus dem Ersatzschaltbild für einen drosselgesteuerten Hydraulikmotor mit starren, spielfreien mechanischen Übertragungsgliedern ergibt sich nach [6, S.120] unter Vernachlässigung der Leckstellen und unter der Voraussetzung, daß an den Steuerblenden turbulente Strömung auftritt, für kleine Aussteuerungen (Linearisierung der Durchflußgleichungen für einen Arbeitspunkt) das Blockschaltbild des geschwindigkeitsgeregelten Antriebs in Bild 2-3:

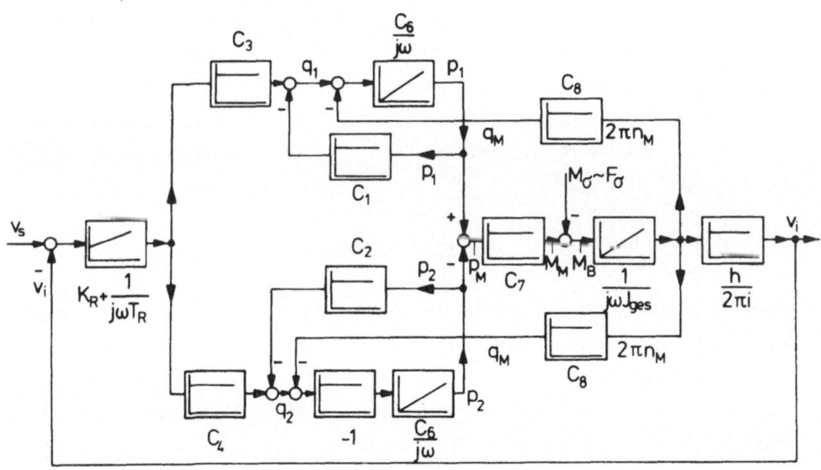

$C_1 \ldots C_8$ Konstanten
p   Druck
q   Volumenstrom

Bild 2-3: Blockschaltbild eines geschwindigkeitsgeregelten Vorschubantriebs mit Hydraulikmotor und starren und spielfreien mechanischen Übertragungsgliedern (Spindel-Tisch-System)

Durch Zusammenfassung von Konstanten ergibt sich hieraus
<u>Bild 2-4</u>:

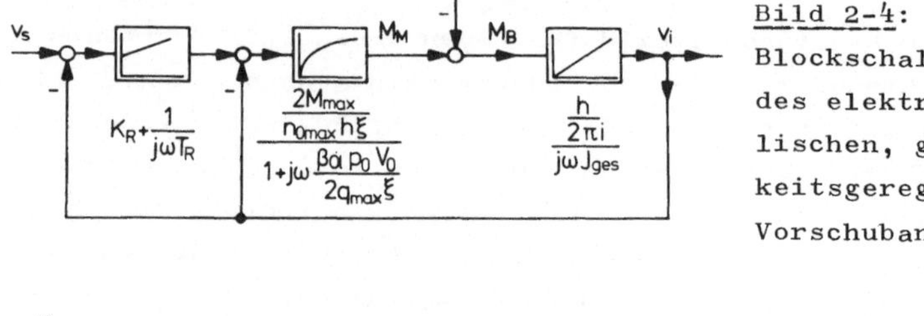

<u>Bild 2-4</u>:
Blockschaltbild
des elektrohydrau-
lischen, geschwindig-
keitsgeregelten
Vorschubantriebs

ξ	Aussteuerungsgrad	
$\beta_{\ddot{o}l}$	Kompressionszahl des Öls	p_0 Systemdruck
M_{max}	maximales Drehmoment	q_{max} Volumenstrom bei Vollaussteuerung
n_{Omax}	maximale Leerlaufdrehzahl des Motors bei Vollaussteuerung	V_0 "Totes Ölvolumen" zwischen Servoventil und Motor eingeschlossen

<u>Führungsverhalten, Führungsfrequenzgang</u>

Das Führungsverhalten der Regelgröße (hier der Istgeschwindigkeit v_i) unter dem Einfluß der Führungsgröße (hier der Soll-
geschwindigkeit v_s) wird durch den Führungsfrequenzgang beschrieben. Dieser kann wiederum aus dem Blockschaltbild des
Vorschubantriebs abgeleitet werden. Die Blockschaltbilder der
Antriebe mit Gleichstrom- und Hydraulikmotoren (Bild 2-2 und
Bild 2-4) haben unter den oben aufgeführten Einschränkungen
die gleiche Struktur. In der Regelstrecke befinden sich jeweils mindestens zwei Energiespeicher: Massenträgheitsmoment
und Induktivität bzw. Federwirkung des "toten Ölvolumens".
Deshalb kann das Zeitverhalten der Regelstrecke grundsätzlich durch das eines Verzögerungsgliedes 2. Ordnung beschrieben werden, für das

die Kennkreisfrequenz ω_0 und

der Dämpfungsgrad D

definiert sind.

Vorschubantrieb mit	Zeitverhalten der Regelstrecke	
	Kennkreisfrequenz	Dämpfungsgrad
Gleichstrommotor	$\omega_0 \sim \sqrt{\dfrac{1}{J_{ges} L_a}}$	$D \sim \sqrt{\dfrac{J_{ges}}{L_a}}$
Hydraulikmotor	$\omega_0 \sim \sqrt{\dfrac{1}{J_{ges}\, \beta_{\ddot{o}l} V_0}}$	$D \sim \sqrt{\dfrac{J_{ges}}{\beta_{\ddot{o}l} V_0}}$

Folgerung:

Die Regelstrecken von Vorschubantrieben verhalten sich
näherungsweise wie Schwingungsglieder.

Durch zusätzliche Massenträgheitsmomente wird die Kennkreisfrequenz reduziert und der Dämpfungsgrad erhöht;
durch Vergrößerung des Energiespeichers Induktivität bzw.
"totes Ölvolumen" wird dagegen die Regelstrecke entdämpft
und die Kennkreisfrequenz reduziert.

Durch Regelung der Geschwindigkeit und Verwendung einer
Regeleinrichtung mit Integralverhalten kann das Führungsverhalten des Vorschubantriebs erfahrungsgemäß derart
beeinflußt werden, daß sich auch der geschwindigkeitsgeregelte Vorschubantrieb näherungsweise wie ein Verzögerungsglied 2. Ordnung jedoch mit Totzeit T_t und dem
Frequenzgang

$$F_A(j\omega) = \frac{v_i(j\omega)}{v_s(j\omega)}$$

$$= \frac{e^{-j\omega T_t}}{1 + 2D_A \dfrac{j\omega}{\omega_{OA}} + \left(\dfrac{j\omega}{\omega_{OA}}\right)^2}$$

verhält $[6]$.

Die Kenngrößen

$$\text{Dämpfungsgrad} \quad D_A$$
$$\text{Kennkreisfrequenz} \quad \omega_{OA} \quad \text{und}$$
$$\text{Totzeit} \quad T_t$$

können durch die Reglerparameter (P-Anteil, I-Anteil)
derart optimiert werden, daß sich minimale Vergleichs-

regelflächen (vergl. 2.2.1) und Bahnabweichungen ergeben.
Das ist dann der Fall, wenn bei größtmöglicher Kennkreisfrequenz ω_{OA} der Dämpfungsgrad

$$0,5 \leqq D_{A\ opt} \leqq 0,6$$

beträgt.

Allerdings kann hierbei die Kennkreisfrequenz ω_{OA} des
geregelten Antriebs dann nicht erhöht werden, wenn die
Dämpfung der Regelstrecke in der Größenordnung der optimalen Dämpfung liegt. In diesem Fall ist die Kennkreisfrequenz ω_{OA} des geregelten Antriebs praktisch gleich
der Kennkreisfrequenz ω_0 der Strecke $[16]$:

$$\omega_{OA} \approx \omega_0$$

Die Totzeit T_t des Vorschubantriebs hat ihre Ursache
in der Laufzeit elektrischer, hydraulischer und pneu-
matischer Verstärker, in der phasenverschiebenden Wirkung von Nichtlinearitäten und in der elastischen Koppelung von mechanischen Übertragungsgliedern $[4, S. 343]$.

Störverhalten, Störfrequenzgang

Das Störverhalten beschreibt das Verhalten der Regelgröße,
hier der Geschwindigkeit des Vorschubantriebs, unter dem
Einfluß einer zeitlich veränderlichen Störgröße, zum Beispiel einer Kraft in Achsrichtung(F_σ).

Da die Kenndaten der Regelstrecke und der Geschwindigkeitsregeleinrichtung häufig nicht bekannt sind, muß das Störverhalten bzw. der Störfrequenzgang aus dem Führungsverhalten abgeleitet werden.

Der Störfrequenzgang $F_S(j\omega)$ beschreibt die Antwort eines
Systems auf eine sinusförmige Störgröße. Ist bei einem
Vorschubantrieb die Störgröße eine Kraft F_σ, dann ist der
Störfrequenzgang gleich dem Verhältnis von Tischgeschwin-
digkeit $v_i(j\omega)$ zur Kraft $F_\sigma(j\omega)$ auf die Bewegungsein-
heit in Achsrichtung:

$$F_S(j\omega) \;=\; \frac{v_i(j\omega)}{F_\sigma(j\omega)} \;\cdot$$

Unter der Voraussetzung, daß sich der Vorschubantrieb bei
Führung wie ein Verzögerungsglied 2. Ordnung ohne Totzeit
verhält, lautet der Störfrequenzgang

$$F_S(j\omega) \;=\; -\,j\omega\,F_A(j\omega)\;\frac{h^2}{i^2 J_{ges}\,4\pi^2\,\omega_{OA}^2}\;\cdot$$

Hierin ist h die Spindelsteigung, i die Getriebeübersetzung
und J_{ges} das Massenträgheitsmoment aller in einer Achse be-
weglichen Massen bezogen auf die Motorwelle.

Die Wirkung einer von außen auf das Antriebssystem in Achsrichtung einwirkenden Kraft ist umso geringer, je kleiner
$h^2/i^2 J_{ges}\,\omega_{OA}^2$ ist.

Folgerung

Das Störverhalten eines Vorschubantriebs auf zeitlich
veränderliche Kräfte in Achsrichtung wird bestimmt durch
das Verhältnis $h^2/i^2 J_{ges}\,\omega_{OA}^2$. Je kleiner dieses Verhältnis
ist, desto geringer ist die Wirkung einer Kraft auf die
Bewegung des Tisches. Das ist zum Beispiel dann der Fall,
wenn das Massenträgheitsmoment des Antriebssystems groß ist.

Bei zeitlich konstanter Kraft auf einen Antrieb mit Integralanteil in der Geschwindigkeitsregeleinrichtung gilt für den
Beharrungszustand $\lim\limits_{\omega \to 0} F_S(j\omega) = 0$. Dann aber ergibt sich
auch unter dem Einfluß einer von außen auf den geschwindigkeitsgeregelten Vorschubantrieb einwirkenden Kraft im Beharrungszustand keine Abweichung zwischen Soll- und Istgeschwindigkeit.

2.1.3.2 Mechanische Übertragungsglieder elastisch und spielfrei

Unter den Voraussetzungen:

1. der Antrieb ohne elastisch gekoppeltes Übertragungssystem hat das auf die Motorwelle bezogene Massenträgheitsmoment J_G und das Zeitverhalten eines Verzögerungsgliedes 2. Ordnung
   mit den Kenndaten ω_{OG} und D_G [16]

2. das elastische Übertragungssystem mit dem auf
   die Motorwelle bezogenen Massenträgheitsmoment
   J_{mech} verhält sich wie ein Feder-Massesystem
   mit den Kenndaten ω_{Omech} und D_{mech}

kann das Blockschaltbild des Vorschubantriebs mit
elastisch und spielfrei gekoppelten mechanischen Übertragungsgliedern wie folgt dargestellt werden (Bild 2-5):
(Die Geschwindigkeitssignale sind auf die Bahngeschwindigkeit v_B bezogen).

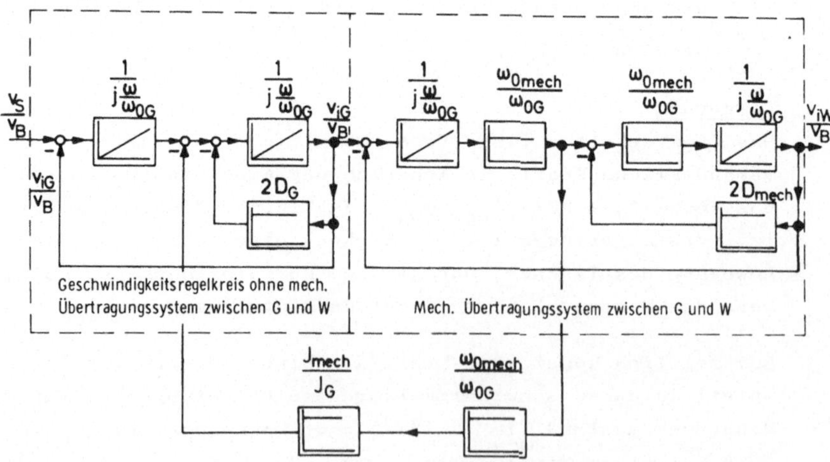

Bild 2-5: Blockschaltbild eines geschwindigkeitsgeregelten
Vorschubantriebs mit elastischen und spielfreien mechanischen Übertragungsgliedern zwischen der geschwindigkeitsgeregelten Bewegungseinheit (G) und dem Werkstück/Werkzeug (W).

Das elastisch gekoppelte mechanische Übertragungssystem hat in Abhängigkeit vom Verhältnis J_{mech}/J_G eine Rückwirkung auf den geschwindigkeitsgeregelten Motor und die mit diesem starr und spielfrei gekoppelten mechanischen Übertragungsglieder.

Diese Rückwirkung ist umso stärker, je größer das Verhältnis J_{mech}/J_G, d.h. Massenträgheitsmoment J_{mech} der elastischen, mechanischen Übertragungsglieder zu Massenträgheitsmoment J_G des Geschwindigkeitsregelkreises o h n e das elastische, mechanische Übertragungssystem, ist. Das Zeitverhalten der Vorschubantriebe ist abhängig von der Lage des nachgiebigen Übertragungssystems im Wirkungsweg zwischen Steuersignal v_s und der Geschwindigkeit des Werkstücks bzw. Werkzeugs v_{iW}.

Dies ist insbesondere für die experimentellen Untersuchungen an Antriebssystemen wichtig, weil erfahrungsgemäß meist nur die Frequenzgangmessungen am Geschwindigkeitsregelkreis $F_G(j\omega) = v_{iG}(j\omega)/v_s(j\omega)$ durchgeführt werden können. Der Frequenzgang des Vorschubantriebs $F_A(j\omega) = v_{iL}(j\omega)/v_s(j\omega)$ ist aber nur in Sonderfällen gleich dem des Geschwindigkeitsregelkreises, weil das Zeitverhalten des Vorschubantriebs davon abhängig ist, welche der Bewegungseinheiten die lagegeregelte mit der Geschwindigkeit v_{iL} ist. Deshalb werden die folgenden Fälle unterschieden:

1. Das nachgiebige Übertragungssystem liegt zwischen dem Geschwindigkeitsmeßsystem und dem Lagemeßsystem $F_A(j\omega) \neq F_G(j\omega)$

2. Das nachgiebige Übertragungsglied liegt zwischen dem Lagemeßsystem und dem Werkstück/Werkzeug $F_A(j\omega) = F_G(j\omega)$.

Elastisches Übertragungsglied zwischen der geschwindigkeitsgeregelten und der lagegeregelten Bewegungseinheit

Liegt bei einem Antrieb das nachgiebige Übertragungsglied zwischen dem Geschwindigkeitsmeßsystem (geschwindigkeitsgeregelte Bewegungseinheit) und dem Meßort der Position für den überlagerten Lageregelkreis, dann ist

$v_{iL} = v_{iW}$ und der Frequenzgang des Antriebs lautet:

$$F_A(j\omega) = \frac{v_{iL}(j\omega)}{v_s(j\omega)} = F_G(j\omega) \cdot F_{mech}(j\omega) \quad .$$

Hierin ist $F_G(j\omega) = v_{iG}(j\omega)/v_s(j\omega)$ der Frequenzgang
des Geschwindigkeitsregelkreises m i t elastisch gekoppeltem mechanischen Übertragungssystem und $F_{mech}(j\omega)$ der
Frequenzgang der mechanischen Übertragungsglieder

$$F_{mech}(j\omega) = \frac{v_{iL}(j\omega)}{v_{iG}(j\omega)} = \frac{1}{1 + \dfrac{2D_{mech}\,j\omega}{\omega_{Omech}} + \left(\dfrac{j\omega}{\omega_{Omech}}\right)^2} \quad .$$

Der

Frequenzgang des Geschwindigkeitsregelkreises

ergibt sich aus Bild 2-5:

$$F_G(j\omega) = \frac{v_{iG}(j\omega)}{v_s(j\omega)} = \frac{1 + \dfrac{2D_{mech}\,j\omega}{\omega_{Omech}} + \left(\dfrac{j\omega}{\omega_{Omech}}\right)^2}{1 + C_1 j\omega + C_2(j\omega)^2 + C_3(j\omega)^3 + \dfrac{(j\omega)^4}{(\omega_{OG}\,\omega_{Omech})^2}} \quad .$$

(Verzögerungsglied 4. Ordnung mit Vorhalt. $C_1 \ldots C_3$ sind
Funktionen von D_G, D_{mech}, ω_{OG}, ω_{Omech} und J_{mech}/J_G!
D_G und ω_{OG} sind Kenndaten des Geschwindigkeitsregelkreises
o h n e gekoppeltes, mechanisches Übertragungssystem.)

Für hohe Frequenzen verhält sich der Geschwindigkeitsregelkreis wie ein Verzögerungsglied 2. Ordnung mit der Kennkreisfrequenz ω_{OG} (vergleiche Bild 2-6 und 2-8).

Der Frequenzgang des Vorschubantriebs

ergibt sich durch Muliplikation der Frequenzgänge der mechanischen Übertragungsglieder und des Geschwindigkeitsregelkreises:

$$F_A(j\omega) = \frac{v_{iL}(j\omega)}{v_s(j\omega)} = \frac{1}{1 + C_1 j\omega + C_2(j\omega)^2 + C_3(j\omega)^3 + \dfrac{(j\omega)^4}{(\omega_{OG}\,\omega_{Omech})^2}} \quad .$$

Der Frequenzgang des Vorschubantriebs mit elastisch
gekoppelter Mechanik ist der eines Verzögerungsgliedes
4. Ordnung o h n e Vorhalt.

Im folgenden wird unterschieden:

$$\omega_{Omech} \gg \omega_{OG} \quad \text{und}$$

$$\omega_{Omech} \ll \omega_{OG}.$$

Zunächst wird der Fall

$$\underline{\omega_{Omech} \gg \omega_{OG}} \quad \text{betrachtet und unter Berücksichtigung der}$$

elastischen Koppelung des mechanischen Übertragungssystems

der <u>Frequenzgang des Geschwindigkeitsregelkreises</u>

$$F_G(j\omega) = \frac{v_{iG}(j\omega)}{v_s(j\omega)}$$

am Analogrechner ermittelt (<u>Bild 2-6</u>):

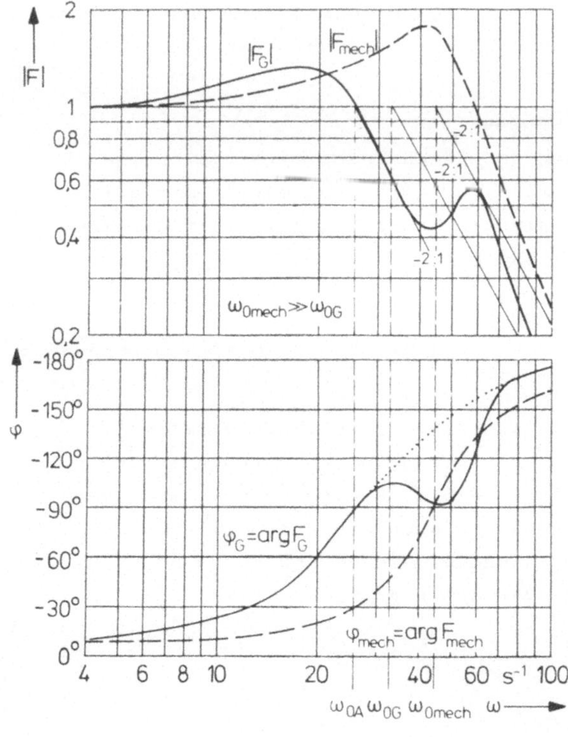

<u>Bild 2-6:</u>

Frequenzgang eines Geschwindigkeitsregelkreises mit elastisch gekoppeltem, mechanischen Übertragungssystem für

$$\omega_{Omech} \gg \omega_{OG}$$

(Frequenzgang der elastisch gekoppelten Mechanik gestrichelt eingezeichnet)

Bei Kreisfrequenzen in der Größe der mechanischen Kennkreisfrequenz ω_{Omech} tritt sowohl im Amplitudengang
als auch im Phasengang eine Verzerrung auf. Darin zeigt sich
die Rückwirkung der elastisch gekoppelten Übertragungsglieder auf den Frequenzgang des Geschwindigkeitsregelkreises.

Das relative Minimum im Amplitudengang hat seine Ursache in
der Rückwirkung der elastisch gekoppelten Übertragungsglieder
und liegt näherungsweise bei der Kennkreisfrequenz dieses
Systems. Dies kann durch experimentelle Untersuchungen an
Dreh-, Fräs-, Zeichen- und Abtastmaschinen $\begin{bmatrix} 4, & S. & 348 \end{bmatrix}$ nachgewiesen und anhand von Frequenzganguntersuchungen am Analog-
rechner bestätigt werden.
Deshalb kann häufig aus dem experimentell ermittelten Frequenzgang des Geschwindigkeitsregelkreises m i t elastisch
gekoppeltem mechanischen Übertragungssystem ohne weitere Messungen die Größe von ω_{Omech} abgeschätzt werden.

Frequenzgang des Antriebs

Ist der Frequenzgang des Geschwindigkeitsregelkreises bekannt, dann ergibt sich durch Multiplikation mit dem Frequenzgang der mechanischen Übertragungsglieder der Frequenzgang des Antriebs: $F_A(j\omega) = F_G(j\omega) \cdot F_{mech}(j\omega)$.

Bild 2-7 zeigt für den Fall
$\omega_{Omech} \gg \omega_{OG}$ einen am Analogrechner ermittelten Frequenzgang
im Bode-Diagramm.

Der Antrieb verhält sich wie ein Verzögerungsglied
4. Ordnung. Für die Beurteilung des Übertragungsver-
haltens insbesondere im Hinblick auf die hierdurch verursachten Bahnverzerrungen kann man das Zeitverhalten
des Antriebs entsprechend DIN 19226 und 19229 beschreiben durch das eines Verzögerungsgliedes mit Totzeit:

$$F_A(j\omega) \approx \frac{e^{-j\omega\,T_t}}{1 + 2D_A\,\dfrac{j\omega}{\omega_{OA}} + \left(\dfrac{j\omega}{\omega_{OA}}\right)^2}$$

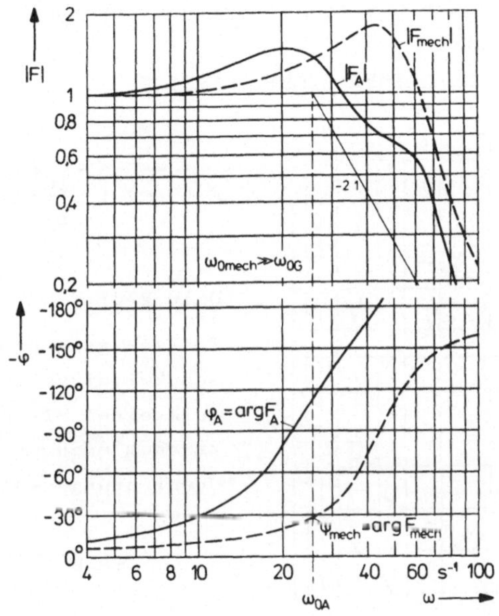

$$F_A(j\omega) = F_G(j\omega)\cdot F_{mech}(j\omega)$$

Bild 2-7:

Frequenzgang des Antriebs mit nachgiebigen mechanischen Übertragungsgliedern für den Fall

$$\omega_{Omech} \gg \omega_{OG}$$

<u>Ergebnis:</u>

Die Koppelung mit einem elastischen mechanischen Übertragungsglied hoher Dynamik ($\omega_{Omech} \gg \omega_{OG}$) verursacht eine zusätzliche Phasenverschiebung des Vorschubantriebs. Diese hat die selbe Wirkung wie eine Totzeit im Antriebssystem. Das Zeitverhalten des Vorschubantriebs wird deshalb im folgenden durch die Kenndaten ω_{OA}, D_A und T_t beschrieben.

Zu dieser durch elastische Koppelung verursachten "Totzeit" addiert sich unter Umständen eine zusätzliche Laufzeit der elektrischen-, hydraulischen- oder pneumatischen Verstärker oder ein zusätzlicher Phasenschub durch Nichtlinearitäten (zum Beispiel Hystereseglieder).

Betrachtet man den Fall

$$\omega_{Omech} \ll \omega_{OG} \; ,$$

dann ergibt sich unter Berücksichtigung der elastisch
gekoppelten, mechanischen Übertragungsglieder ein am
Analogrechner ermittelter
<u>Frequenzgang des Geschwindigkeitsregelkreises</u>

entsprechend <u>Bild 2-8</u>:

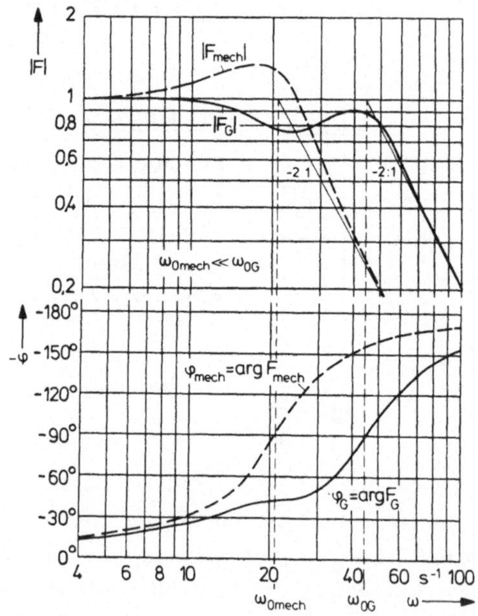

$$F_G(j\omega) = \frac{v_{iG}(j\omega)}{v_s(j\omega)}$$

<u>Bild 2-8:</u>

Frequenzgang eines
Geschwindigkeitsre-
gelkreises mit elas-
tischem mechanischen
Übertragungssystem
für

$$\omega_{Omech} \ll \omega_{OG} \, .$$

Frequenzgang der
mechanischen Über-
tragungsglieder ge-
strichelt einge-
zeichnet

Dieser verhält sich näherungsweise wie ein Verzögerungsglied 2. Ordnung mit der Kennkreisfrequenz ω_{OG} und entspricht dem des Geschwindigkeitsregelkreises mit <u>ab</u>gekoppel-
ter Mechanik. Bei Kreisfrequenzen in der Größe der mechanischen Kennkreisfrequenz ω_{Omech} ergeben sich sowohl im
Amplitudengang als auch im Phasengang Verzerrungen, die
sich als Rückwirkung der mechanischen Übertragungsglieder
auf den Regelkreis interpretieren lassen.

Bei $\omega \approx \omega_{Omech}$ entsteht ein relatives Minimum im Amplitudengang des Geschwindigkeitsregelkreises. Dieser Effekt ist am Analogrechner und in [4, S. 349] experimentell an einem Vorschubantrieb einer NC-Werkzeugmaschine nachgewiesen.

Frequenzgang des Antriebs

Der Frequenzgang des Antriebs ergibt sich durch Multiplikation der Frequenzgänge $F_G(j\omega)$ und $F_{mech}(j\omega)$. Bild 2-9 zeigt den am Analogrechner ermittelten Frequenzgang des Antriebs im Bode-Diagramm:

$$F_A(j\omega) = F_G(j\omega) \cdot F_{mech}(j\omega)$$

Bild 2-9:
Frequenzgang eines Antriebs mit elastischem mechanischen Übertragungssystem für $\omega_{Omech} \ll \omega_{OG}$. Frequenzgang der mechanischen Übertragungsglieder gestrichelt eingezeichnet

Der Frequenzgang des Antriebsystems kann durch ein Verzögerungsglied 2. Ordnung mit Totzeit angenähert werden:

$$F_A(j\omega) \approx \frac{e^{-j\omega\,T_t}}{1 + \dfrac{j\omega\,2D_{mech}}{\omega_{Omech}} + \left(\dfrac{j\omega}{\omega_{Omech}}\right)^2} \quad .$$

Das Zeitverhalten des Antriebs wird vorwiegend vom Zeitverhalten des nachgiebigen Übertragungsgliedes bestimmt, wobei dessen Kenndaten ω_{Omech} und D_{mech} häufig unterschiedlich groß und nicht konstant sind [3, 6].

Bild 2-10 zeigt die Übergangsfunktion des Geschwindigkeitsregelkreises und des Antriebs. (Die Geschwindigkeiten v_{iG}, v_{iL} und v_{iW} sind auf die Bahngeschwindigkeit bezogen).

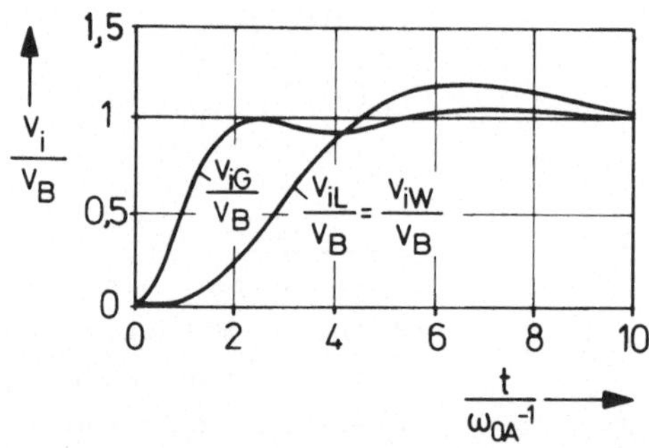

Bild 2-10:
Sprungfunktion des Geschwindigkeitsregelkreises $v_{iG}(t)$ und des Antriebs $v_{iL}(t)$ bzw. $v_{iW}(t)$ bei elastisch gekoppelten mechanischen Übertragungsgliedern für $\omega_{Omech} \ll \omega_{OG}$

Hieraus zeigt sich sehr anschaulich, daß bei elastischer Koppelung im Fall $\omega_{Omech} \ll \omega_{OG}$ die Dynamik des Antriebs wesentlich niedriger ist als die des Geschwindigkeitsregelkreises. Der Antrieb hat durch die Laufzeit im mechanischen Übertragungssystem ($t_o \approx 2D_{mech}/\omega_{Omech}$) eine wesentlich grössere Anregelzeit.

Ergebnis:

Das Zeitverhalten eines Vorschubantriebs mit elastisch gekoppelten mechanischen Übertragungsgliedern niedriger Dynamik ($\omega_{Omech} \ll \omega_{OG}$) wird vorwiegend vom Zeitverhalten des mechanischen Übertragungssystems bestimmt. Die Kenndaten sind dann ω_{Omech}, D_{mech} und T_t.

Elastisches Übertragungsglied zwischen der lagegeregelten Bewegungseinheit und dem Werkstück/Werkzeug

Liegt das elastische Übertragungsglied zwischen dem Lagemeßsystem und dem Werkstück bzw. Werkzeug, dann ist der
Frequenzgang des Antriebs gleich dem des Geschwindigkeitsregelkreises m i t elastisch gekoppeltem mechanischen
Übertragungssystem ($F_A = F_G$). Das ist der Fall, wenn
bei indirekter Lagemessung die Nachgiebigkeit im
Spindel-Tischsystem begründet ist und der Tachoge-
nerator (Geschwindigkeitsmeßsystem) und der Resolver
(Lagemeßsystem) starr und spielfrei mit der Motorwelle gekoppelt sind.

Im Fall $\omega_{Omech} \gg \omega_{OG}$ läßt sich das Zeitverhalten des Vorschubantriebs entsprechend Bild 2-6 beschreiben durch
ein Verzögerungsglied 2. Ordnung mit den Kenndaten ω_{OA}
und D_A (Kenndaten des Antriebs mit starr und spielfrei gekoppelter Mechanik).

Im Fall $\omega_{Omech} \ll \omega_{OG}$ verhält sich der Antrieb praktisch
wie der Geschwindigkeitsregelkreis mit <u>abgekoppelter</u>
Mechanik (Bild 2-8) und den Kenndaten: ω_{OG} und D_G.

Durch die Rückwirkung des elastischen Übertragungsgliedes
wird der Amplitudengang angehoben und die Grenzfrequenz
(Bandbreite) des Vorschubantriebs häufig erheblich erhöht und die Phasennacheilung reduziert. Andererseits
jedoch verursachen die nicht innerhalb des Lageregelkreises
befindlichen nachgiebigen Übertragungsglieder (zwischen
Lagemeßsystem und Werkstück/Werkzeug) zusätzliche Laufzeiten in der Größe von

$$t_O = \frac{2D_{mech}}{\omega_{Omech}} \ .$$

Sind die mechanischen Übertragungsglieder unterschiedlich
ausgelegt, dann ergeben sich in den Achsen unterschiedlich
große Laufzeiten. Diese haben praktisch dieselbe Wirkung
wie unterschiedlich große Geschwindigkeitsverstärkungen in
den Achsen. Hierdurch kann selbst im Beharrungszustand

bei stückweise geradlinigen Bahnen Versatz von Soll-
und Istbahn auftreten (vergleiche 3.2.3 und 3.2.4).

<u>Ergebnis:</u>

Vorschubantriebe mit nachgiebigen, mechanischen Übertragungsgliedern zwischen dem Meßort der Lage und dem Werkstück/Werk-
zeug haben im Fall $\omega_{Omech} \gg \omega_{OG}$ praktisch das gleiche Zeitverhalten wie der Antrieb mit starr gekoppelten mechanischen
Übertragungsgliedern.
Im Fall $\omega_{Omech} \ll \omega_{OG}$ wird der Antrieb durch Abkoppelung
der mechanischen Elemente dynamischer, so daß sich kleinere
Anregelzeiten und höhere Bandbreite ergeben.
Da die mechanischen Übertragungsglieder jedoch außerhalb
der Lageregelkreise liegen, verursachen diese
- zusätzliche Bahnverzerrungen insbesondere im Fall
  $\omega_{Omech} \ll \omega_{OG}$ und
- unterschiedlich große Laufzeiten bei unterschiedlich
  ausgelegten Achsen, so daß selbst im Beharrungszustand zum Beispiel Versatz von Soll- und Istbahn
  entstehen kann.

2.1.4 <u>Beschleunigungsbegrenzung</u>

Vorschubantriebe für bahngesteuerte Werkzeugmaschinen
haben grundsätzlich eine natürliche oder eine gewollte
Begrenzung der Beschleunigung (z.B. durch Druckbegrenzung
bei hydraulischen, Strombegrenzungen bei elektrischen und
Rutschkupplungen bei mechanischen Übertragungssystemen
[10, 17] .
Die Begrenzung der Beschleunigung bringt folgende Vor-
teile:
-Schutz der Verstärkerelemente
-Schutz des Motors
-Schutz der mechanischen Übertragungsglieder
 insbesondere bei Kollision
-Reduzierung der Baugröße (Verstärker, Motor
 und mechanische Übertragungsglieder)

Bei Frequenzgangmessungen des Vorschubantriebs ergibt sich
aber abhängig von der Amplitudenhöhe bzw. Beschleunigungsbegrenzung unterschiedliches Übertragungsverhalten, so
daß einerseits der Amplitudengang linear mit der Frequenz
abfällt [4, S. 350] , andererseits die Phasennacheilung
erheblich zunimmt.

Bild 2-11 zeigt das Blockschaltbild eines Vorschubantriebs
mit Beschleunigungsbegrenzung (Führungsfrequenzgang:
Verzögerungsglied 2.Ordnung; mechanische Übertragungsglieder: starr und spielfrei).

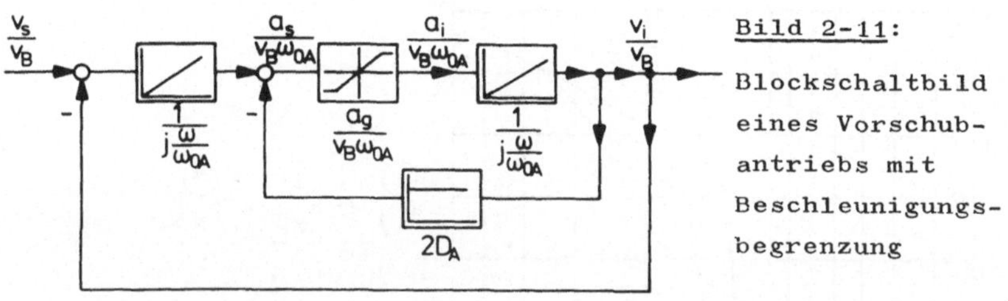

Bild 2-11:

Blockschaltbild
eines Vorschub-
antriebs mit
Beschleunigungs-
begrenzung

Nimmt man am Analogrechner Frequenzgänge bei unterschiedlich großer Beschleunigungsbegrenzung ($a_{g1}...a_{g3}$) auf,
dann ergeben sich die im Bode-Diagramm in Bild 2-12 dargestellten Frequenzgänge. Die Verzerrungen der Amplitu-
den- und Phasengänge resultieren aus der Begrenzung der
Beschleunigung.
Experimentelle Untersuchungen an beschleunigungsbe-
grenzten (strombegrenzten) Vorschubantrieben von NC-
Maschinen [4, S.352] zeigen entsprechende, durch Beschleunigungsbegrenzung verursachte Verzerrungen der
Amplituden- und Phasengänge.

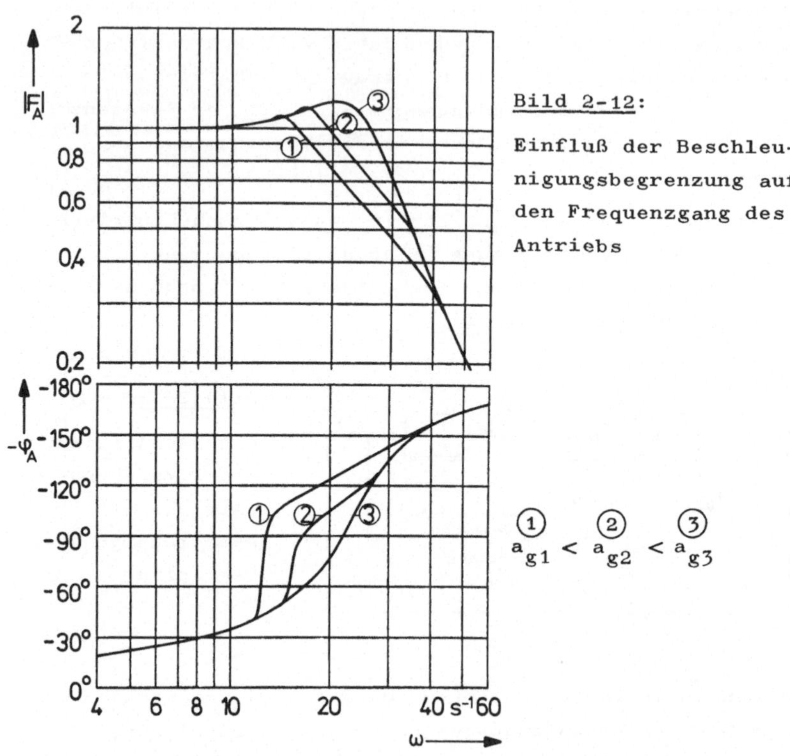

Bild 2-12:

Einfluß der Beschleu-
nigungsbegrenzung auf
den Frequenzgang des
Antriebs

$$a_{g1} < a_{g2} < a_{g3}$$

Ergebnis:

Jede Begrenzung der Beschleunigung verletzt das
Linearitätsprinzip und verschlechtert das Übertra-
gungsverhalten durch Schmälerung der Bandbreite
(Grenzfrequenz) und Erhöhung der Phasennacheilung.
Dies kann zu zusätzlichen Bahnabweichungen oder zu
Instabilität des übergeordneten Lageregelkreises
führen (vergl. 3.3.2).

2.2 Lageregelkreis

Der Lageregelkreis ist eine Funktionsgruppe der Lagesteuerung und hat die Aufgabe, das Werkstück bzw. Werkzeug den zeitlich veränderlichen Lage-Sollwerten nachzuführen.

Hierzu muß der Lage-Istwert mit dem Lage-Sollwert in der Lageregeleinrichtung verglichen werden. Der Lage-Istwert gibt die Position der lagegeregelten Bewegungseinheit an, die sich im Wirkungsweg zwischen Lage-Sollwert und dem Werkstück/Werkzeug befindet.
Der Lage-Sollwert ist die vom Interpolator berechnete Führungsgröße für die Lagesteuerung bzw. Lageregelung.
In Abhängigkeit von der Lageabweichung bzw. dem Schleppabstand $\Delta x = x_s - x_i$ erzeugt der Lageregler das Steuersignal für den Vorschubantrieb.
Das Zeitverhalten der Lageregeleinrichtung ist grundsätzlich das eines Proportionalgliedes [1,4,5,6] .

Die Verstärkung des Reglers, definiert als Quotient von Istgeschwindigkeit und Lageabweichung im Beharrungszustand bei fehlender äußerer Belastung, heißt Geschwindigkeitsverstärkung K_v [3] . Diese bestimmt zusammen mit den Kenngrößen des Vorschubantriebs ($\omega_{OA}, D_A, T_t, \omega_{OG}, D_G, \omega_{Omech},$ D_{mech} und a_g) und den Hysteresegliedern in der Lagesteuerung (vergleiche 2.2.2.3) die G ü t e des Lageregelkreises bzw. der Lagesteuerung.

2.2.1 Linearer Lageregelkreis

Lageregelkreise von numerisch gesteuerten Werkzeugmaschinen werden im folgenden dann als "linear" bezeichnet, wenn   -Hystereseglieder

        -Beschleunigungsbegrenzung

        -Totbereich

        -nichtlineare Kennlinien der Übertragungsglieder

nicht zur Wirkung kommen. Das ist zum Beispiel dann der

Fall, wenn bei Hysteresegliedern trotz Bahnrichtungsänderungen keine Richtungsumkehr auftritt, bei Beschleunigungsvorgängen die Begrenzung nicht erreicht wird und
die Kennlinien der nichtlinearen Übertragungsglieder wenigstens stückweise geradlinig sind.
Da der Interpolator digital arbeitet und meist auch in
der Lageregeleinrichtung digitale Signale auftreten, muß
zwischen Interpolator und Antrieb eine D/A-Umsetzung der
Signale stattfinden. Für die folgenden Betrachtungen können die mit digitalen Signalen arbeitenden Übertragungsglieder wegen der stets hohen Auflösung der Digitalele-
mente wie analoge behandelt werden [1] .

Die Optimierung der Lageregelkreise kann deshalb grundsätzlich
an linearen bzw. linearisierten Lageregelkreisen durchgeführt werden. Das nichtlineare Übertragungsverhalten wird
daran anschließend untersucht.

Optimierung der Lageregelkreise und Antriebe unter Berücksichtigung der Totzeit anhand von Vergleichsregelflächen

Die Größe der Totzeit T_t ist sowohl eine Funktion
der Laufzeiten der elektrischen, hydraulischen oder
pneumatischen Verstärker als auch eine Funktion der
elastischen Koppelung der mechanischen Übertragungsglieder
(zusätzliche Phasennacheilung durch elastische Koppelung
mechanischer Übertragungsglieder, vergleiche 2.1.3.2).

Aufgabe der Optimierung ist es, einerseits die Antriebsparameter und andererseits die Geschwindigkeitsverstärkung K_v so zu wählen, daß möglichst kleine Bahnabweichungen auftreten.

In $\begin{bmatrix} 5 \end{bmatrix}$ wurden für Lageregelkreise numerisch gesteuerter
Werkzeugmaschinen spezielle Integralkriterien abgeleitet:
Durch Vergleich des Ausgangssignals x_i des Lageregelkreises
mit einer "Vergleichsfunktion" x_{sv}, die in der Form dem
eigentlichen Eingangssingal entspricht, jedoch um eine
konstante Laufzeit verschoben ist, kann die sogenannte
quadratische Vergleichsregelfläche

$$I_{ISEV} = \int_0^\infty (x_i - x_{sv})^2 dt \qquad \text{berechnet}$$

und für Lageregelkreise o h n e Totzeitglieder mini-
miert werden.
Die Berechnung der quadratischen Vergleichsregelflächen
wird im folgenden für solche Lageregelkreise durchgeführt, deren Antriebe das Zeitverhalten von Verzögerungs-
gliedern 2. Ordnung (ω_{OA}, D_A) __mit Totzeit__ aufweisen.
Eingangsfunktionen für die Lageregelkreise sind stets
Anstiegsfunktionen.

Bezieht man die quadratische Vergleichsregelfläche I_{ISEV}
auf v_B^2 / ω_{OA}^3, die Geschwindigkeitsverstärkung K_v auf
ω_{OA} und die Totzeit auf ω_{OA}^{-1}, dann sind die auf v_B^2 / ω_{OA}^3
bezogenen quadratischen Vergleichsregelflächen eine
Funktion von D_A, K_v / ω_{OA} und T_t / ω_{OA}^{-1}.

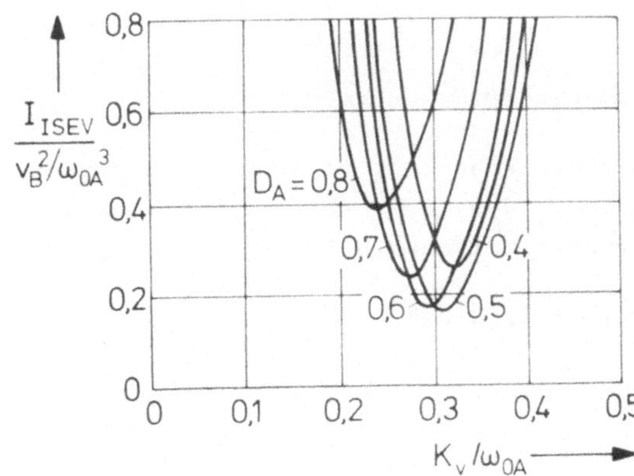

__Bild 2-13:__

Quadratische Ver-
gleichsregelfläche

Antrieb als Verzöge-
rungsglied 2.Ordnung
mit Totzeit
$T_t = 0,5 \cdot \omega_{OA}^{-1}$

Bild 2-13 zeigt für den Fall $T_t = 0,5\ \omega_{OA}^{-1}$ den Einfluß der Dämpfung und der Geschwindigkeitsverstärkung auf diese bezogenen quadratischen Vergleichsregelflächen.

Berechnet man die Minima der bezogenen Vergleichsregelflächen in Abhängigkeit von den Lageregelkreisparamtern, dann kann die Größe der Vergleichsregelfläche im Minimum als Funktion von Totzeit und Dämpfungsgrad dargestellt werden (**Bild 2-14**):

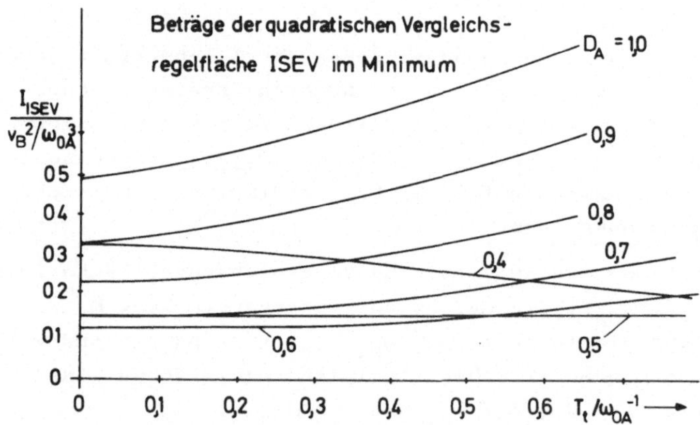

Bild 2-14:

Beträge der Vergleichsregelflächen im Minimum

Minimale Vergleichsregelflächen werden dann nur erreicht, wenn der Dämpfungsgrad D_A der Vorschubantrieb unabhängig von der Größe der Totzeit zwischen 0,5 und 0,6 liegt.

$$0,5 \leqq D_A \leqq 0,6$$

Bild 2-15 zeigt die Abhängigkeit der bezogenen, optimalen Geschwindigkeitsverstärkung $K_{v\,opt}/\omega_{OA}$ von der Größe der bezogenen Totzeit T_t/ω_{OA}^{-1} (Dämpfung des Antriebs: $D_A = 0,5$):

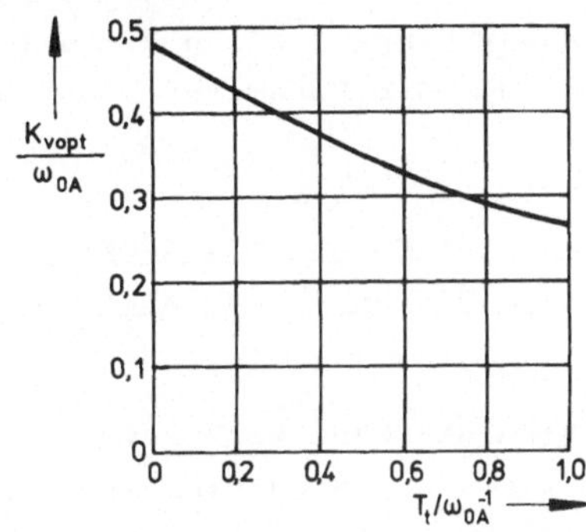

Bild 2-15:

Optimale Geschwindigkeitsverstärkung als Funktion der Totzeit

Ergebnis:

Optimale Lageregelkreise bezüglich minimaler Vergleichsregelflächen ergeben sich bei einer Dämpfung des Vorschubantriebs von

$$0,5 \leqq D_A \leqq 0,6$$

und bei optimaler Geschwindigkeitsverstärkung des Lageregelkreises

$$K_{v\,opt} = K_{v\,opt}(\omega_{OA}, T_t).$$

Der Dämpfungsrad ist <u>unabhängig</u> von der Größe der Totzeit, die optimale Geschwindigkeitsverstärkung entsprechend <u>Bild 2-15</u> dagegen abhängig von der Kennkreisfrequenz ω_{OA} und der Totzeit T_t.

2.2.2   <u>Nichtlinearer Lageregelkreis</u>

Die wesentlichen Nichtlienaritäten in Lageregelkreisen, die vorwiegend Art und Größe der nichtlinearen Signal- und Bahnverzerrungen bestimmen, sind

-veränderliche Geschwindigkeitsverstärkung, abhängig
von Größe und Richtung der Geschwindigkeit und der
Beanspruchung durch Schnitt-, Reib- und Belastungs-
kräfte
-Beschleunigungsbegrenzung
-Hysterese .

Im folgenden wird immer nur eine und nur eine der oben aufgeführten Nichtlienaritäten im Signalfluß der Lageregelkreise
betrachtet, damit zum einen die Wirkung der jeweiligen
Nichtlinearität auf Bahnabweichungen e i n d e u t i g aufgezeigt, zum andern die Anzahl der Parameter reduziert werden kann.

2.2.2.1 Geschwindigkeitsverstärkung in Abhängigkeit von Größe und Richtung der Geschwindigkeit und der Beanspruchung

Konstante Geschwindigkeitsverstärkung wird seit den An-
fängen der Entwicklung numerisch gesteuerter Werkzeugmaschinen $[1, 5, 6, 18, 19]$ gefordert. Diese Forderung gilt uneingeschränkt für den Vorschubbereich, in
dem zum Beispiel spanabhebend bearbeitet oder spanlos um-
geformt wird.

Im Eilgangbereich kann jedoch von dieser Forderung ab-
gegangen werden (K_v-Reduzierung $[4, S.366]$).
Die nichtlinearen Übertragungsglieder der Lageregelkreise
verursachen häufig aber auch im Vorschubbereich eine von
Größe und Richtung der Geschwindigkeit und der Beanspruchung abhängige Geschwindigkeitsverstärkung $[6]$.

Reduzierung von K_v durch die Lageregeleinrichtung

Die Geschwindigkeitsverstärkung der Lageregelkreise wird
von den Werkzeugmaschinen- bzw. Steuerungsherstellern
erfahrungsgemäß häufig derart eingestellt $[6]$, daß
beim Positionieren aus jeder möglichen Geschwindigkeit
k e i n Überschwingen über die Zielposition auftritt.
Beim linearen Lageregelkreis ist nach $[5]$ die Überschwingabweichung eine Funktion der Geschwindigkeit,
der Antriebsdynamik und der Geschwindigkeitsverstärkung.

Durch geschwindigkeitsabhängige Reduzierung der Geschwindigkeitsverstärkung kann deshalb überschwingungsfreies Positionieren ermöglicht werden. Ein solches Verhalten wird durch Auslegung der Steuerung absichtlich erreicht.

<u>Bild 2-16</u> zeigt an einem Beispiel den an einer Drehmaschine ermittelte Verlauf der Geschwindigkeitsverstärkung über der Geschwindigkeit in Achsrichtung.

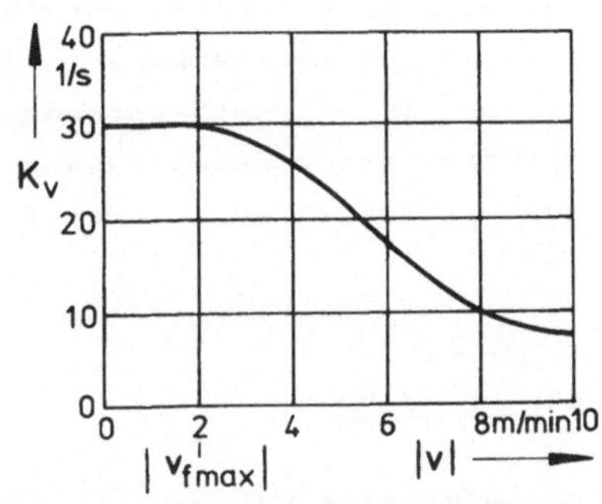

<u>Bild 2-16</u>:

K_v-Reduzierung

Im Vorschubbereich ($-v_{fmax} \leqq v \leqq +v_{fmax}$) ist die Geschwindigkeitsverstärkung konstant. Mit wachsender Geschwindigkeit nimmt die Geschwindigkeitsverstärkung ab.

<u>Geschwindigkeitsverstärkung in Abhängigkeit vom nichtlinearen Übertragungsverhalten</u>

Neben der gewollten Reduzierung der Geschwindigkeitsverstärkung ergibt sich erfahrungsgemäß zusätzlich eine ungewollte Abhängigkeit derselben von der Größe und Richtung der Geschwindigkeit und der Beanspruchung durch

- fehlerhaftes Integralverhalten der Regeleinrichtung des Geschwindigkeitsregelkreises (Güte des Kondensators, hochohmige Gegenkoppelung zur Dämpfung von Oberschwingungen)

- Leckwiderstände in Diodennetzwerken und Begrenzungseinrichtungen
- Mängel an den Regelverstärkern
- K_v-Reduzierung auch im Vorschubbereich (Experimentelle Untersuchungen in $\begin{bmatrix} 4, & S. & 365 \end{bmatrix}$).

Beim simultanen Verfahren mehrerer Achsen im Vorschubbereich mit unterschiedlich großer Verstärkung in den
Lageregelkreisen treten sowohl im eingeschwungenen Zustand als auch bei Beschleunigungsvorgängen zusätzliche
Bahnverzerrungen und Bahnabweichungen auf (vergleiche
3.2.4).

2.2.2.2 <u>Beschleunigungsbegrenzung</u>

Die Begrenzung der Beschleunigung im Lageregelkreis
wird entweder durch gewollte Begrenzungseinrichtungen im
Signalflußweg $\begin{bmatrix} 4, & S. & 101 \end{bmatrix}$ oder aber ungewollt durch Bau-
elemente bei Vollaussteuerung verursacht.

Wird zum Beispiel bei einem Positioniervorgang das
Drehmoment begrenzt, dann ändert sich die Lage des
Werkstücks/Werkzeugs aufgrund der Beschleunigungsbe-
grenzung parabelförmig über der Zeit. Dies kann zur
Entdämpfung der Lageregelkreise und damit zu Signal-
verzerrungen in den Lagesteuerungen führen.

<u>Bild 2-17</u> zeigt das Phasenporträt eines Positioniervor-
gangs bei unterschiedlich großer Beschleunigungsbegren-
zung (Lageregelkreis: $K_v = 0,4 \cdot \omega_{OA}$; Antrieb: $D_A = 0,5$).

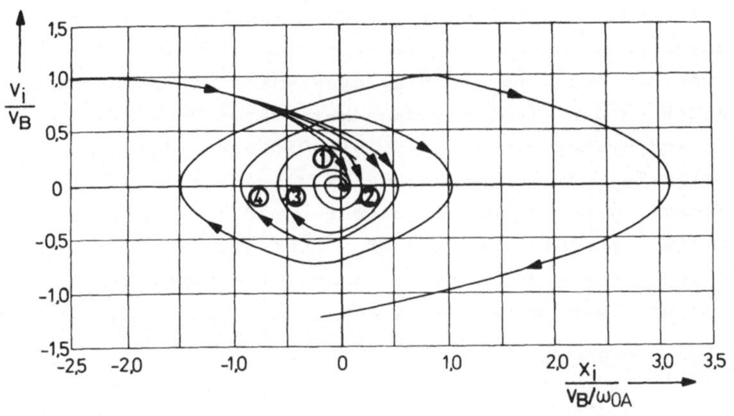

<table>
<tr><td>①</td><td>keine Begrenzung</td><td>③</td><td>$a_g = 0,7\ a_{max}$</td></tr>
<tr><td>②</td><td>$a_g = 0,8\ a_{max}$</td><td>④</td><td>$a_g = 0,6\ a_{max}$</td></tr>
</table>

$$a_{max} = K_v v_B = 0,4 \cdot \omega_{OA} v_B$$

<u>Bild 2-17</u>:

Phasenporträt eines Positioniervorgangs mit begrenzter Beschleunigung

Wird aufgrund der Begrenzung nur 70 % der Beschleunigung zugelassen, die im unbegrenzten Fall benötigt würde, dann erhöht sich im Beispiel oben die Überschwingabweichung auf das 5,5-fache, die Unterschwingabweichung auf das 4-fache der Abweichung im unbegrenzten Fall.

Beispiel: $v_B = 1,2$ m/min; $\omega_{OA} = 100\ s^{-1}$; $a_g = 0,56$ m/s^2.
Durch die Begrenzung der Beschleunigung erhöht sich die Überschwingabweichung von 15 μm auf 82 μm, die Unterschwingabweichung von 30 μm auf 120 μm.

Bei Begrenzung unter 70 % der im unbegrenzten Fall benötigten Beschleunigung tritt <u>Instabilität</u> auf.

2.2.2.3 Hysterese im Lageregelkreis

Ist bei einem Übertragungsglied der Lagesteuerung das
Ausgangssignal im Beharrungszustand eine Funktion sowohl von der Änderung des Eingangssignals als auch von
der Änderung der Richtung, dann hat dieses Übertragungsglied Hystereseverhalten. Die Differenz des Eingangssignals, bei der sich jeweils das Ausgangssignal ändert, wird Hysterese genannt [6,20,21] . Bei allen
folgenden Betrachtungen wird die Größe dieser Differenz
stets auf den Weg des Werkstücks bzw. Werkzeugs umge-
rechnet und beträgt bei der X-Achse $2x_H$ (Bild 2-18):

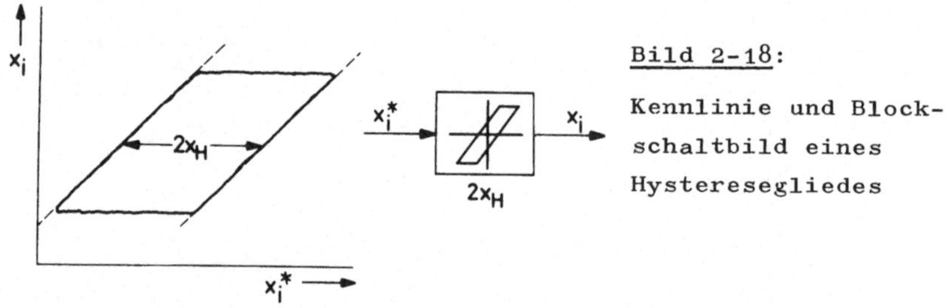

Bild 2-18:

Kennlinie und Block-
schaltbild eines
Hysteresegliedes

Hysterese wird u.a. verursacht durch

- Spiel in den mechanischen Übertragungsgliedern
  (Getriebe, Kupplung, Spindel-Mutter-Tischsystem...)

- Trockene (geschwindigkeitsunabhängige) Reibung in
  Verbindung mit elastischen Übertragungsgliedern
  (Nachgiebigkeit im Getriebe, in der Kupplung, in
  den Lagern...).

Jedes Hystereseglied erzeugt nichtlineare Signalverzerrungen
in den Übertragungsgliedern der Lagesteuerung [5,6,17,18]
und, wie man anhand von Beschreibungsfunktionen nachweisen
kann, eine amplitudenabhängige Verstärkung und Phasennacheilung.
Je nach Lage der Hysterese im Signalflußweg des Lageregelkreises bzw. der Lagesteuerung ergibt sich unterschiedliches Übertragungsverhalten.

Hysterese zwischen lagegeregelter Bewegungseinheit und Lagevergleich

Hysterese in der Lageregeleinrichtung entsteht zum Beispiel durch spielbehaftete Ankoppelung des Meßsystems an die lagegeregelte Bewegungseinheit.

__Bild 20__ zeigt das Blockschaltbild eines Lageregelkreises mit Hysterese in der Lageregeleinrichtung zwischen der lagegeregelten Bewegungseinheit und dem Lagevergleich.

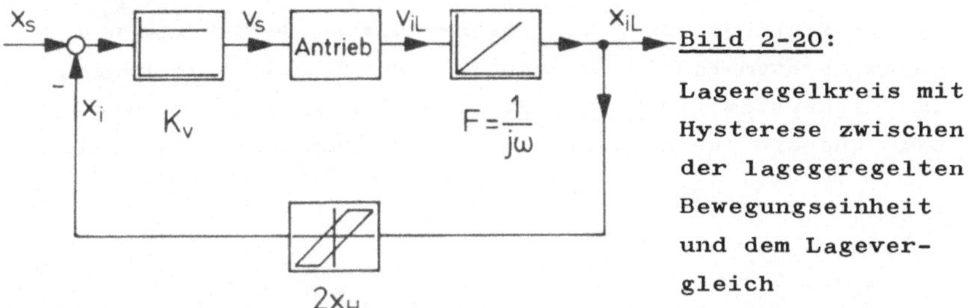

__Bild 2-20:__

Lageregelkreis mit Hysterese zwischen der lagegeregelten Bewegungseinheit und dem Lagevergleich

Für hysteresebehaftete Lageregelkreise der oben gezeigten Struktur können Zustandskurven in der x_{iL}/x_H, $v_{iL}/x_H\,\omega_{OA}$-Ebene berechnet werden. Für Positioniervorgänge aus unterschiedlichen Anfangsgeschwindigkeiten v_0 ergeben sich Trajektorien in der Phasenebene entsprechend __Bild 2-21__:

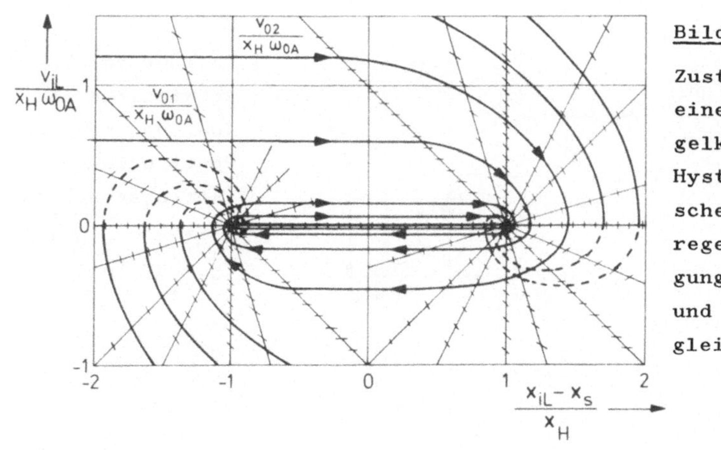

__Bild 2-21:__

Zustandskurven eines Lageregelkreises mit Hysterese zwischen lagegeregelter Bewegungseinheit und Lagevergleich

Das Werkstück/Werkzeug überfährt hierbei die Zielposition (x_s = 0) und p e n d e l t innerhalb der Hysterese $2x_H$, ohne eine stabile Ruhelage zu finden.

Hierbei können unabhängig von Größe und Richtung der Anfangsgeschwindigkeit v_0 und unabhängig von der Größe der Lageregelkreisparameter (ω_{OA}, T_t, D_A und K_v) Lageabweichungen in der Größe von x_H auftreten.

Hysterese zwischen Geschwindigkeitsmeßsystem und Lagemeßsystem

Hystereseglieder zwischen Geschwindigkeitsmeßsystem und Lagemeßsystem führen zu nichtlinearen Signalverzerrungen im Folgesystem. In <u>Bild 2-22</u> sind hierfür das Blockschaltbild und die Zustandkurven in der Phasenebene dargestellt.

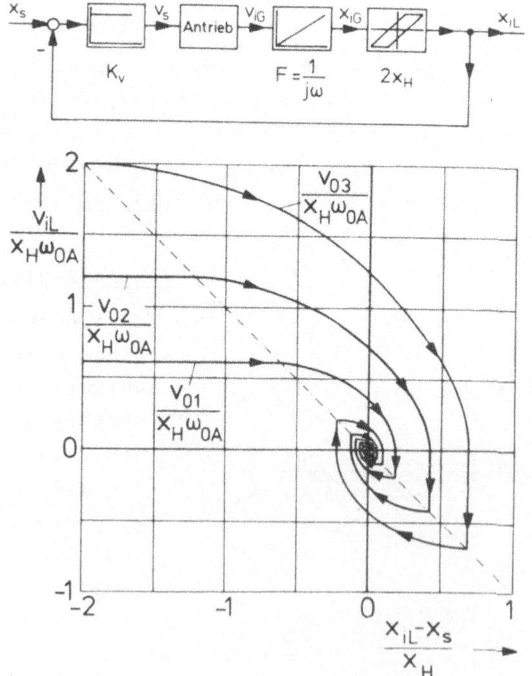

<u>Bild 2-22:</u>

Verlauf der Geschwindigkeiten über dem Weg beim Positionieren (Anfangsgeschwindigkeiten v_{01}, v_{02} und v_{03})

Das Phasenporträt gibt hierbei Auskunft über Positioniervorgänge aus unterschiedlichen Anfangsgeschwindigkeiten v_0.
Trotz Hysterese wird der zeitlich konstante Lagesollwert
$x_s = 0$ erreicht. In der Phasenebene ergibt sich ein stabi-
ler Strudel. Das bedeutet wiederum, daß das lagegeregelte
Übertragungsglied nach mehrmaligem Überschwingen über die
Zielposition diese o h n e bleibende Abweichung anfährt.

2.3 Mechanisches Übertragungssystem zwischen Lagemeß-system und Werkstück/Werkzeug

Das mechanische Übertragungssystem zwischen Lagemeßsystem und Werkstück/Werkzeug verursacht aufgrund der
Nachgiebigkeit eine von der Kennkreisfrequenz und der
Dämpfung abhängige Laufzeit $t_0 = 2D_{mech}/\omega_{0mech}$.
Bei unterschiedlichen Achsen mit unterschiedlich großer
Kennkreisfrequenz und Dämpfung der Mechanik ergeben sich
deshalb immer unterschiedlich große Laufzeiten und damit Bahnabweichungen (zum Beispiel Versatz bei stückweise geradlinigen Bahnen; vergleiche Bild 3-12).

Zum andern erzeugen Lose und trockene Reibung in Verbindung mit elastisch gekoppelten Übertragungsgliedern
nichtlineare Signalverzerrungen. Die Lagedifferenz, die
sich beim Positionieren aus zwei Richtungen ergibt,
wird als "Umkehrspanne" bezeichnet [22] .

__Bild 2-23__ zeigt das Blockschaltbild einer Lagesteuerung
mit Umkehrspanne zwischen Lagemeßsystem und Werkstück/
Werkzeug.

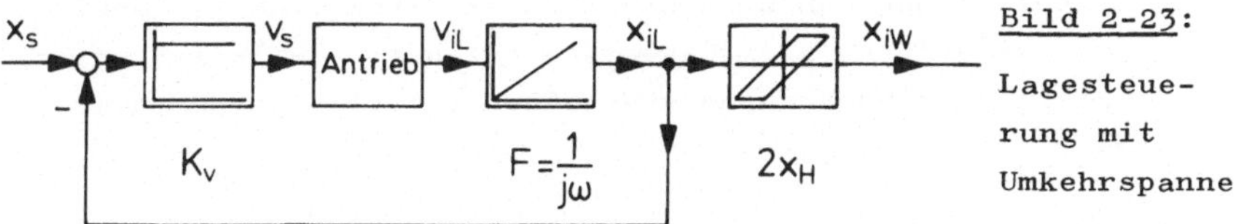

__Bild 2-23:__
Lagesteue-
rung mit
Umkehrspanne

Der Fehler, der sich beim Positionieren ergibt, ist also
zwangsläufig in der gleichen Größe wie die Umkehrspanne.

2.4 Zusammenfassung

Das Übertragungsverhalten von Lagesteuerungen mit Lageregelkreisen ist abhängig vom Ort der Lagemessung
(direkte-, indirekte Lagemessung), der Optimierung der
Regelkreise (Geschwindigkeitsregelkreis, Lageregelkreis)
und Funktion der

  -Antriebsparamter Totzeit, Dämpfung, Kennkreisfrequenz,
                    Beschleunigungsbegrenzung und bei
                    elastischer Koppelung mechanischer
                    Übertragungsglieder: Dämpfung und
                    Kennkreisfrequenz der Mechanik
  -Lageregelkreisparameter
                    Konstante oder variable (geschwindig-
                    keits-, last- und richtungsabhängige)
                    Geschwindigkeitsverstärkung, Hysterese
                    des Lagemeßsystems und Hysterese in
                    der Mechanik zwischen Motor und Lage-
                    meßsystem
  -Paramter der mechanischen Übertragungsglieder außerhalb
   des Lageregelkreises
                    Dämpfung, Kennkreisfrequenz und Hysterese
                    (Umkehrspanne).

Das Übertragungsverhalten wird beschrieben durch Blockschaltbilder, Frequenzgänge (Gleichungen und Bode-Dia-
gramme) und Phasenporträts.

Die Beurteilung von Lagesteuerungen wird im folgenden
Kapitel anhand von Bahnabweichungen durchgeführt, wobei
immer mindestens zwei Lagesteuerungen mit teilweise unterschiedlichem Übertragungsverhalten simultan zusammenwir-
ken.

3 BEURTEILUNG VON LAGESTEUERUNGEN ANHAND VON BAHN-ABWEICHUNGEN

Die Größe und Art der Bahnabweichungen, die aus dem nicht-
verzerrungsfreien Übertragungsverhalten linearer Lagesteuerungen mit gleichen dynamischen Eigenschaften herrühren,
sind für Lageregelkreise o h n e Totzeitglieder in [5]
abgeleitet. Im folgenden werden Art und Größe von Bahnabweichungen untersucht, deren Ursachen zum einen in der
Totzeit der Vorschubantriebe und den ungleichen dynamischen
Eigenschaften linearer Lagesteuerungen, zum andern im
nichtlinearen Übertragungsverhalten derselben begründet
sind.

3.1 Wahl der Testbahn und Bewertung der Bahnverzerrungen

Bei numerisch gesteuerten Werkzeugmaschinen wird vorwiegend linear und zirkular gelegentlich auch parabolisch
interpoliert. Als Testbahn kommen nur solche in Frage,
die sich stückweise aus Geraden- und Kreisbögen zusammen-
setzen, weil sich hierbei die Abweichungen besonders gut
darstellen lassen. Hierzu wird insbesondere das Anfahren,
das Anhalten und das Verfahren mit konstanter Bahngeschwindigkeit untersucht.

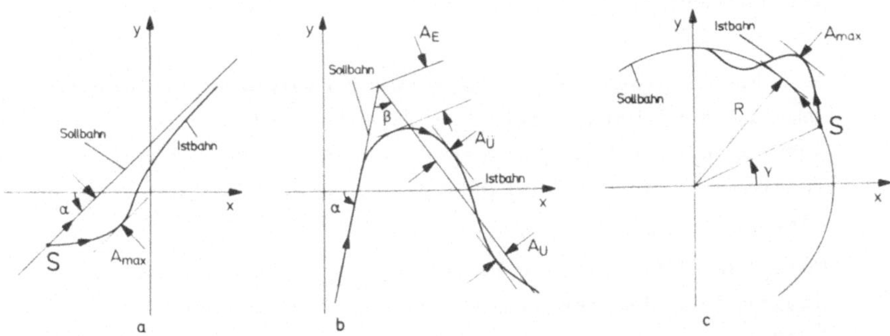

Bild 3-1: Testbahnen a) Gerade   S-Startpunkt

b) schiefwinklige Ecke

c) Kreisbogen

Die Lage der Testbahn bezüglich der natürlichen Achsen
wird durch den Winkel α , die Größe des Eckenwinkels
durch β und der Startwinkel auf dem Kreis durch den
Winkel γ beschrieben (<u>Bild 3-1 a,b und c</u>).

<u>Bewertung der Bahnverzerrungen</u>

Die durch Bahnverzerrung hervorgerufenen Abweichungen
der Istbahn von der Sollbahn sind Funktionen der bereits
genannten Parameter der Lagesteuerungen, der Bahngeschwindigkeit und insbesondere der Art der Testbahn,
der Lage der Testbahn bezüglich der natürlichen Achsen
und den vom Interpolator generierten Führungsgrößen
(d.h. Eingangsfunktionen für die Lagesteuerungen).

Bei der Testbahn Gerade und Kreis wird als Maximalabweichung A_{max} der größte Abstand zwischen Ist- und Sollbahn
(Bild 3-1 a und c) bezeichnet, wobei der Abstandsvektor
normal auf der Istbahn steht.

Entsprechend wird bei schiefwinkligen Ecken nach $\begin{bmatrix}5\end{bmatrix}$ die
<u>Eckenabweichung</u> A_E, die <u>Überschwingabweichung</u> $A_{\ddot{U}}$ und die
<u>Unterschwingabweichung</u> A_U definiert (Bild 3-1 b).

Die Eckenabweichung A_E ist hierbei gleich dem Abstand
der Istbahn von der Ecke, wobei der Abstandsvektor normal
auf der Istbahn steht.

Die Überschwing- bzw. Unterschwingabweichung entspricht
dem größten Abstand zwischen Ist- und Sollbahn beim Überschwingen über bzw. Unterschwingen unter die geradlinige
Testbahn, wenn der Abstandsvektor normal auf der Istbahn
steht.

Unter der "Maximalabweichung" A_{max} wird im folgenden
die größere der jeweiligen Ecken-, Überschwing- und
Unterschwingabweichungen verstanden $\begin{bmatrix}5\end{bmatrix}$.

3.2 Bahnabweichungen aufgrund linearer Signalverzerrungen

Die Ermittlung von Bahnabweichungen verursacht durch

-Totzeitglieder in den Antrieben

-Laufzeiten in den mechanischen Übertragungsgliedern

-unterschiedliche Antriebsdynamik und

-unterschiedliche Geschwindigkeitsverstärkung und

-unterschiedliche Dynamik der mechanischen
Übertragungsglieder

der bei der Bahnerzeugung simultan beteiligten Lagesteuerungen erfolgt sowohl am Analogrechner als auch mittels digitaler Simulation am Digitalrechner. Bei stückweise geradlinigen Testbahnen werden Anstiegs- bzw. Rampenfunktionen, bei stückweise kreisförmigen Bahnen sinusförmige Testsignale für die Erregung der Lagesteuerungen verwendet.

3.2.1 Bahnabweichungen aufgrund von Totzeitgliedern

Die in $[5]$ angegebene Dimensionierungsvorschrift zur Optimierung von Lageregelkreisen setzt Antriebe o h n e
Totzeit voraus. Experimentelle Untersuchungen an Vorschubantrieben und Lageregelkreisen $[4,16]$ zeigen, daß diese
Voraussetzung in der Praxis meist <u>nicht</u> erfüllt ist.
Durch Laufzeiten und durch elastische Koppelung von mechanischen Übertragungsgliedern ergibt sich ein Verhalten,
das durch Totzeitglieder zur Berechnung angenähert werden kann.
Totzeitglieder in den Antrieben haben durch ihre Phasendrehung immer eine entdämpfende Wirkung auf das Zeitverhalten der Lagesteuerungen. Hierdurch ergeben sich Bahnabweichungen, deren Größe abhängig ist von den Antriebsparametern (T_t, ω_{OA}, D_A), der Geschwindigkeitsverstärkung
(K_v) und der Art der Testbahn.

Bei schiefwinkligen Ecken sind die Bahnabweichungen zusätzlich eine Funktion vom Eckenwinkel β .

Setzt man lineares und g l e i c h e s Zeitverhalten
der Lagesteuerungen voraus, dann sind die Bahnabweichungen
unabhängig von der Lage der Bahn bezüglich der natürlichen
Achsen $[5]$.

<u>Bild 3-2</u> zeigt für den Fall $T_t = 0$ die auf v_B / ω_{OA} bezo-
genen Maximalabweichungen beim Umfahren von schiefwink-
ligen Ecken in Abhängigkeit von der bezogenen Geschwindigkeitsverstärkung K_v / ω_{OA} und vom Eckenwinkel β .
(Antrieb als Verzögerungsglied 2. Ordnung mit $D_A = 0,5$
ohne Totzeit).

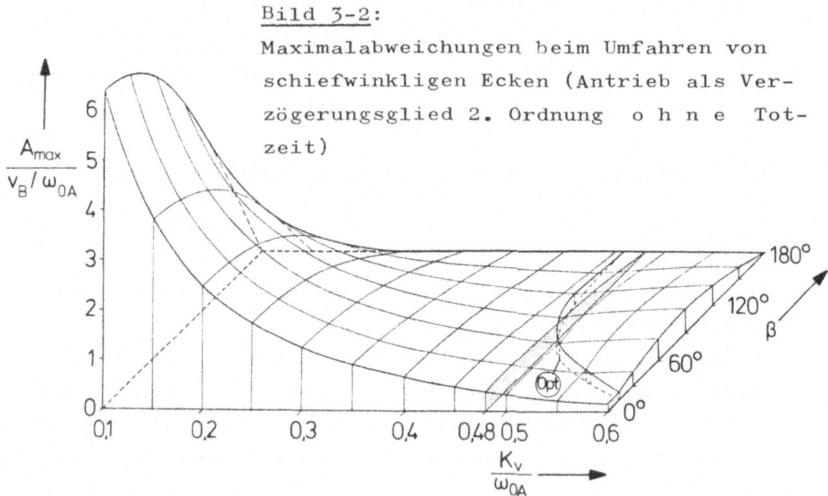

Kleinste Bahnabweichungen, d.h. kleinste Maximalabweichungen ergeben sich dann, wenn bei bekanntem Eckenwinkel die bezogene Geschwindigkeitsverstärkung K_v / ω_{OA}
anhand der Optimalkurve $\left(\text{opt}\right)\left(\delta \dfrac{A_{max}}{v_B / \omega_{OA}} \middle/ \delta \dfrac{K_v}{\omega_{OA}} = 0\right)$

aus Bild 3-2 abhängig von β bestimmt wird.
Bei NC-Werkzeugmaschinen wird jedoch die Geschwindigkeitsverstärkung der Lageregelkreise immer <u>unabhängig</u>
vom Eckenwinkel oder anderer geometrischer Daten der
Bahnen eingestellt.

Als optimale Geschwindigkeitsverstärkung (K_{vopt}) wird deshalb im folgenden diejenige Geschwindigkeitsverstärkung verstanden, bei der bei nicht bekanntem Eckenwinkel β die von β abhängige, größtmögliche Maximalabweichungen am kleinsten sind.

Wird eine andere als die optimale Geschwindigkeitsverstärkung gewählt, dann können bei bestimmten Eckenwinkeln Maximalabweichungen entstehen, die größer sind, als die größtmöglichen Maximalabweichungen bei $K_v = K_{vopt}$.

Für $T_t = 0$ ist

$$K_{v\,opt} = 0,48 \cdot \omega_{OA}$$

Befindet sich im Lageregelkreis ein Totzeitglied mit $T_t = 0,5 \cdot \omega_{OA}^{-1}$, dann ergeben sich die in <u>Bild 3-3</u> dargestellten Maximalabweichungen in Abhängigkeit von K_v / ω_{OA} und β .

<u>Bild 3-3</u>:

Maximalabweichungen beim Umfahren von schiefwinkligen Ecken als Funktion von Eckenwinkel und Geschwindigkeitsverstärkung.
Antrieb als Verzögerungsglied 2. Ordnung ($D_A = 0,5$) mit Totzeit

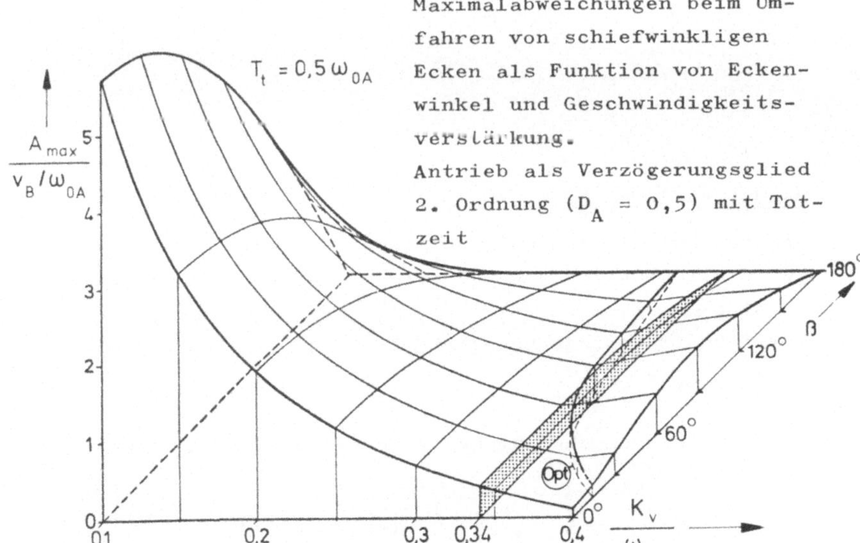

Die optimale Geschwindigkeitsverstärkung beträgt im Fall $T_t = 0,5 \cdot \omega_{OA}^{-1}$

$$K_{v\,opt} = 0,34 \cdot \omega_{OA}$$.

In __Bild 3-4__ sind für $T_t = \omega_{OA}{}^{-1}$ die Maximalabweichungen über K_v / ω_{OA} und β aufgetragen.

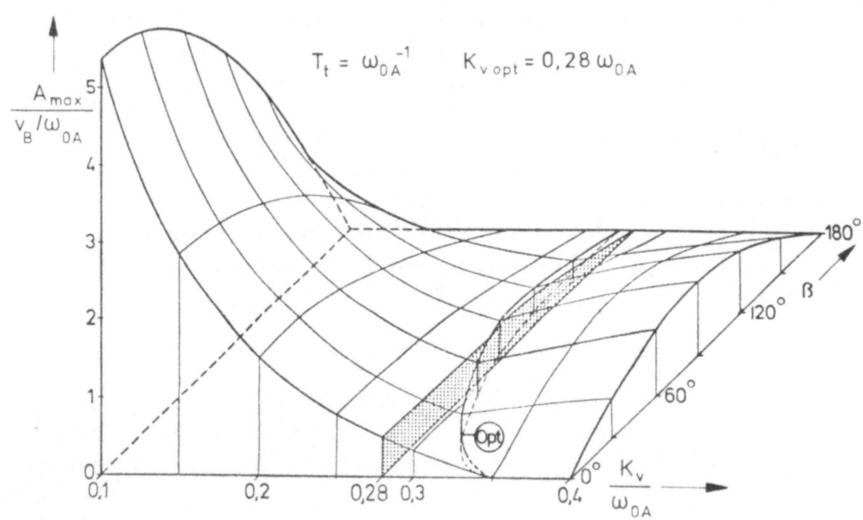

__Bild 3-4:__

Maximalabweichungen beim Umfahren von schiefwinkligen Ecken als Funktion von Eckenwinkel und Geschwindigkeitsverstärkung

Antrieb als Verzögerungsglied 2.Ordnung ($D_A = 0{,}5$) mit Totzeit $T_t = \omega_{OA}{}^{-1}$

Die optimale Geschwindigkeitsverstärkung beträgt im Fall $T_t = \omega_{OA}{}^{-1}$

$$K_{v\,opt} = 0{,}28 \cdot \omega_{OA}$$
.

<u>Bild 3-5</u> zeigt in Abhängigkeit von der bezogenen Totzeit T_t/ω_{OA}^{-1} die optimale, bezogene Geschwindigkeitsverstärkung $K_{v\,opt}/\omega_{OA}$, bei der sich u n a b h ä n g i g vom Eckenwinkel β kleinste Maximalabweichungen ergeben. Wird dagegen überschwingungsfreies Positionieren bzw. überschwingungsfreies Umfahren von schiefwinkligen Ecken gefordert, dann muß die Geschwindigkeitsverstärkung von $K_{v\,opt}$ auf $K_v|_{A_{\ddot{U}}=0}$ reduziert werden.

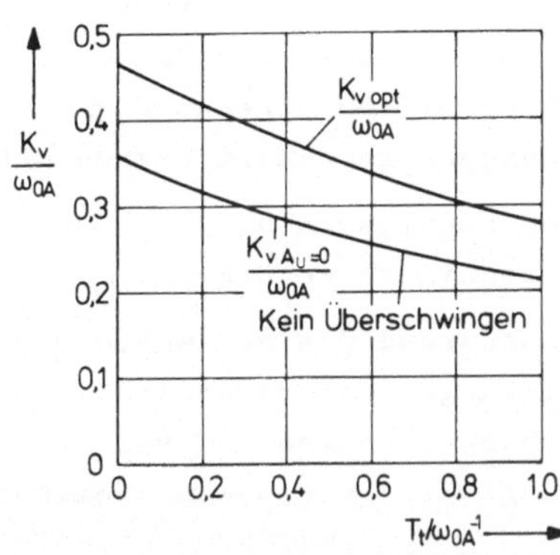

<u>Bild 3-5</u>:

Optimale Geschwindigkeitsverstärkung in Abhängigkeit von der Totzeit

<u>Hinweis für die Optimierung von Lageregelkreisen</u>:

Minimale Bahnabweichungen werden nur durch optimal eingestellte Lageregelkreise erzielt. Sind die Kenndaten der Vorschubantriebe nicht bekannt, dann kann wie folgt vorgegangen werden: Ermittlung derjenigen Geschwindigkeitsverstärkung, die beim Positionieren gerade <u>kein</u> Überschwingen über die Zielposition verursacht. Dann Erhöhung der Verstärkung um näherungsweise 20 %...30 % (vergl. Bild 3-5).

<u>Zusammenfassung und Folgerung</u>:

Beim Umfahren von Ecken sind die Bahnabweichungen vom Eckenwinkel β , der Geschwindigkeitsverstärkung K_v, der Totzeit T_t, der Kennkreisfrequenz ω_{OA} und der Bahngeschwindigkeit v_B abhängig.

- 64 -

Größte Überschwingabweichungen ergeben sich bei rechtwinkligen Ecken ($\beta = 90^{\circ}$) größte Eckenabweichungen bei spitzwinkligen Ecken ($\beta = 0^{\circ}$).

Kleinste Maximalabweichungen können u n a b h ä n g i g
von der Größe des Eckenwinkels nur dann erzielt werden,
wenn die Geschwindigkeitsverstärkung nach Bild 3-5 abhängig von Totzeit T_t und Kennkreisfrequenz ω_{OA} eingestellt
wird.

Die Optima sind bei großen Totzeiten wesentlich aus-
geprägter, so daß bei Abweichungen von der optimalen Geschwindigkeitsverstärkung mit entsprechend großen Ecken-
bzw. Überschwingabweichungen gerechnet werden muß.

Soll kein Überschwingen zugelassen werden, dann muß K_v
entsprechend Bild 3-5 reduziert werden.

Bild 3-6 zeigt zusammenfassend die maximalen Überschwing-
bzw. Unterschwingabweichungen bei rechtwinkligen Ecken
und die maximalen Eckenabweichungen bei spitzwinkligen
Ecken ($\beta \rightarrow 0^{\circ}$) in Abhängigkeit von Geschwindigkeitsverstärkung und Totzeit.

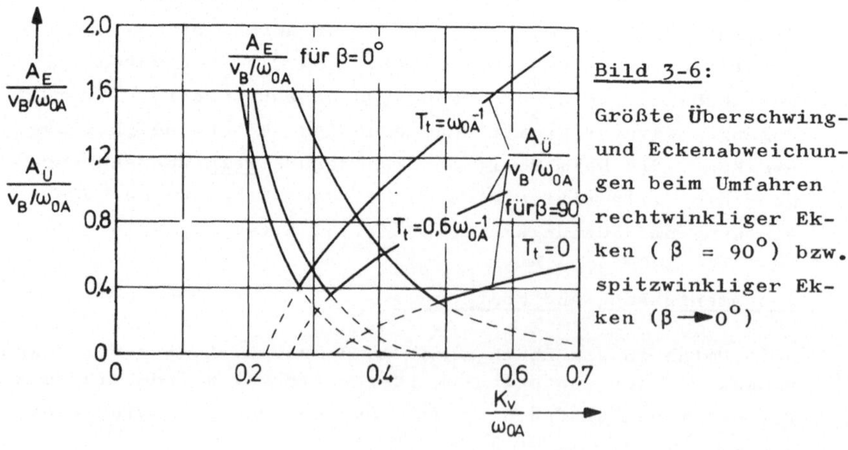

Bild 3-6:

Größte Überschwing-
und Eckenabweichun-
gen beim Umfahren
rechtwinkliger Ek-
ken ($\beta = 90^{\circ}$) bzw.
spitzwinkliger Ek-
ken ($\beta \rightarrow 0^{\circ}$)

3.2.2 <u>Bahnabweichungen aufgrund unterschiedlicher Antriebsdynamik</u>

Unterschiedliche Antriebsdynamik verursacht unterschiedliches Zeitverhalten der an der Bahnerzeugung beteiligten Lagesteuerungen.
Die in allen Achsen gleich groß einzustellende Geschwindigkeitsverstärkung richtet sich immer nach der dynamisch schwächsten Achse, d.h. dem Antrieb mit der kleinsten Kennkreisfrequenz ω_{OA}. Im folgenden soll der Vorschubantrieb der X-Achse derjenige mit der kleineren Kennkreisfrequenz sein ($\omega_{OAx} < \omega_{OAy}$).

Die hieraus resultierenden Bahnverzerrungen werden qualitativ und quantitativ bei folgenden Testbahnen untersucht:
- Anfahren und Anhalten auf geradlinigen und kreisförmigen Bahnen
- Verfahren mit konstanter Bahngeschwindigkeit auf Kreisen und Geraden
- Umfahren schiefwinkliger Ecken.

<u>Testbahn: Kreis</u>

Die auf den Radius bezogenen maximalen Abweichungen sind eine Funktion vom Radius, von der Bahn- bzw. Winkelgeschwindigkeit $\omega_B = v_B/R$, vom Startwinkel γ und vom Verhältnis der Kennkreisfrequenz $\omega_{OAx}/\omega_{OAy}$.
Die Simulation zweier Lageregelkreise und Vaiation von ω_B, γ und $\omega_{OAx}/\omega_{OAy}$ ergeben folgende Ergebnisse:

- Maximale Abweichungen treten unabhängig von v_B, R und $\omega_{OAx}/\omega_{OAy}$ stets beim A n f a h r e n unter einem Startwinkel $\gamma = \pm 45°$ in dem Quadranten auf, in dem der Startpunkt liegt.

- Die Abweichungen beim Anfahren sind im Fall $\omega_B < 10^{-1}\omega_{OAx}$ stets größer als im eingeschwungenen Zustand, näherungsweise proportional der Bahngeschwindigkeit v_B und unabhängig vom Radius R.

<u>Bild 3-7</u> zeigt die Abhängigkeit der auf den Radius R bezogenen maximalen Bahnabweichungen A_{max} von der bezogenen Winkelgeschwindigkeit ω_B / ω_{OAx} bei einem Startwinkel von $\gamma = \pm 45°$.

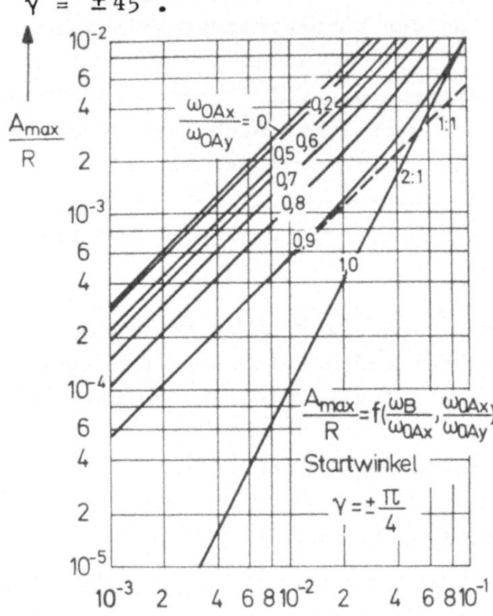

<u>Bild 3-7</u>:

Bahnabweichungen beim Anfahren auf Kreisbahnen als Funktion der bezogenen Winkelgeschwindigkeit ω_B / ω_{OAx} bei unterschiedlicher Antriebsdynamik $\omega_{OAx} / \omega_{OAy}$ Startwinkel $\gamma = \pm 45°$

Hieraus lassen sich die auf v_B / ω_{OAx} bezogenen maximalen Bahnabweichungen als Funktion vom Verhältnis der Kennkreisfrequenzen berechnen (<u>Bild 3-8</u>):

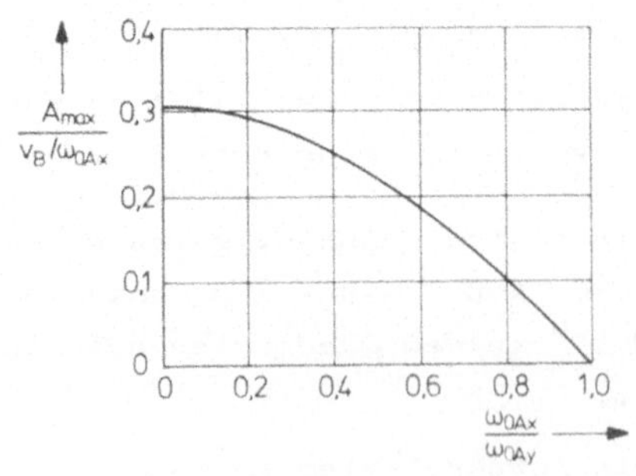

<u>Bild 3-8</u>:

Maximalabweichungen beim Anfahren auf Kreisbahnen unter $45°$ bei unterschiedlicher Antriebsdynamik ($\omega_B < 10^{-1} \cdot \omega_{OAx}$)

Für $\omega_{OAy} \gg \omega_{OAx}$ beträgt die größte Bahnabweichung beim Anfahren näherungsweise

$$A_{max} = 0,3 \; \frac{v_B}{\omega_{OAx}}.$$

Beispiel: Bahngeschwindigkeit $v_B = 240$ mm/min

Kennkreisfrequenzen der Antriebe:

X-Achse $\qquad \omega_{OAx} = 60 \; s^{-1}$

Y-Achse $\qquad \omega_{OAy} = 300 \; s^{-1}$

Maximalabweichung: $\qquad A_{max} \approx 20 \; \mu m.$

Anfahren auf geradlinigen Testbahnen

<u>Bild 3-9</u> zeigt an einem Beispiel die Bahnverzerrungen, die beim Anfahren auf geradlinigen Bahnen durch ungleiche Antriebsdynamik ($\omega_{OAx} / \omega_{OAy} = 0,33$) verursacht werden (Antrieb als Verzögerungsglied 2. Ordnung, $D_A = 0,5$; $T_t = 0$; $K_v = 0,4 \; \omega_{OAx}$).

Die größten Abweichungen ergeben sich bei den Geraden, die mit den Koordinatenachsen einen Winkel von 45° bilden.

Damit liegen praktisch die gleichen Verhältnisse vor wie beim Anfahren auf kreisförmigen Testbahnen unter 45° (vergleiche Bild 3-8).

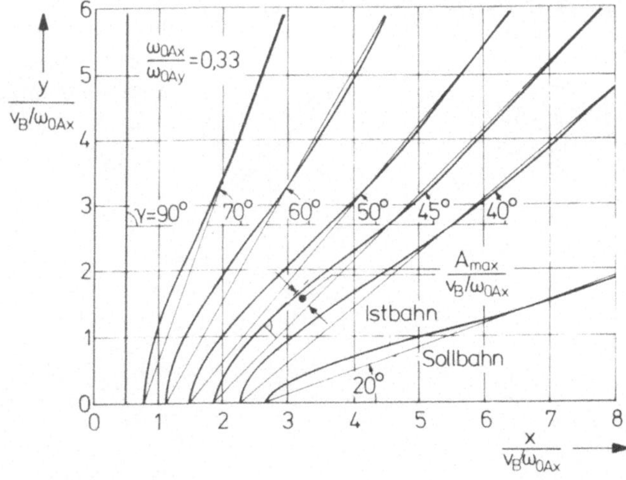

<u>Bild 3-9:</u>

Bahnverzerrungen beim Anfahren auf geradlinigen Testbahnen bei unterschiedlicher Antriebsdynamik

Testbahn: Schiefwinklige Ecken

Beim Umfahren schiefwinkliger Ecken ergeben sich aufgrund der unterschiedlichen dynamischen Eigenschaften der Antriebe zusätzliche Ecken- und Überschwingabweichungen. Diese sind abhängig von den Antriebskenndaten ($D_A = 0{,}5$ und $\omega_{OAx} \neq \omega_{OAy}$), der Bahngeschwindigkeit v_B, dem Eckenwinkel β und der Lage der Ecke bezüglich der Koordinatenachsen (α).

<u>Bild 3-10</u> zeigt an einem Beispiel die Bahnverzerrungen, die sich beim Umfahren von rechtwinkligen Ecken ($\alpha = 45^\circ$ und $\beta = 90^\circ$) zum einen bei gleicher Antriebsdynamik ($\omega_{OAx} = \omega_{OAy}$), zum andern bei unterschiedlicher Antriebsdynamik $\omega_{OAx} / \omega_{OAy} = 0{,}4$ ergeben.
Antrieb als Verzögerungsglied 2. Ordnung ($D_A = 0{,}5$; $T_t = 0$).

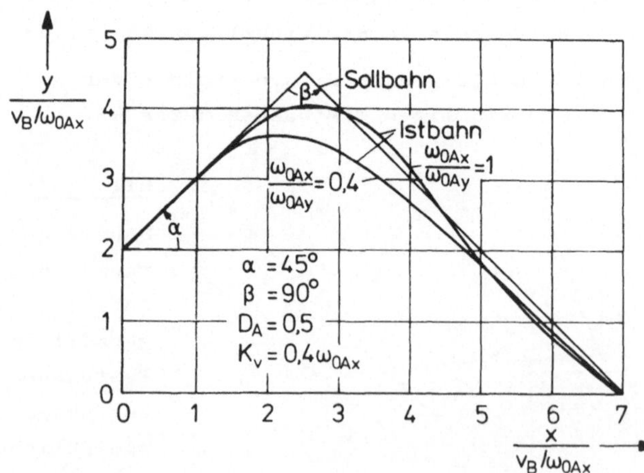

Bild 3-10:

Beispiel für Bahnverzerrungen bei rechtwinkligen Ecken durch Antriebe unterschiedlicher Dynamik

Variiert man den Eckenwinkel β , die Lage der Ecke bezüglich der natürlichen Achsen (α) und das Verhältnis der Kennkreisfrequenzen $\omega_{OAx}/\omega_{OAy}$, dann ergeben sich die folgenden maximalen Ecken- und Überschwingabweichungen (<u>Bild 3-11</u>).

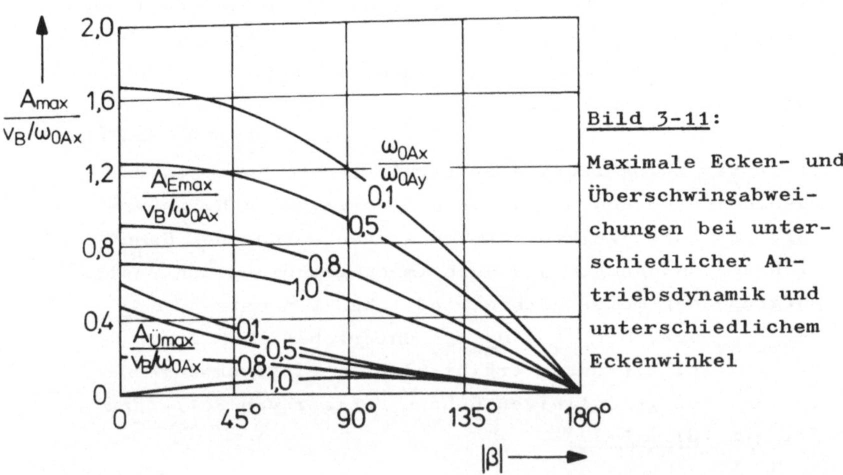

<u>Bild 3-11:</u>

Maximale Ecken- und Überschwingabweichungen bei unterschiedlicher Antriebsdynamik und unterschiedlichem Eckenwinkel

Ergebnis:

Bei Lagesteuerungen mit unterschiedlichen Antriebsparametern ($\omega_{OAx} \neq \omega_{OAy}$) sind die Bahnabweichungen beim Anfahren auf kreisförmigen und geradlinigen Testbahnen stets größer als im eingeschwungenen Zustand und betragen maximal

$A_{max} = 0,3\ v_B/\omega_{OAx}$.

Beim Umfahren schiefwinkliger Ecken ergeben sich je nach Lage der Ecken bezüglich der natürlichen Achsen und je nach Größe der Eckenwinkel wesentlich größere Abweichungen als beim Anfahren (Bild 3-11). Die größten Abweichungen treten bei spitzwinkligen Ecken auf und betragen abhängig von $\omega_{OAx}/\omega_{OAy}$ maximal $A_{max} = 1,7\ v_B/\omega_{OAx}$

(Bei rechtwinkligen Ecken: $A_{max} = 1,2\ v_B/\omega_{OAx}$).

3.2.3 Bahnabweichungen aufgrund mechanischer Übertragungsglieder

Elastische mechanische Übertragungsglieder verursachen durch ihr Zeitverhalten zusätzliche Laufzeiten der Signale im Signalflußweg. Liegt das elastische Übertragungsglied zwischen Motor und der lagegeregelten Bewegungseinheit, dann bewirkt dieses praktisch eine zusätzliche Phasennacheilung des Antriebssystems (T_t) und Bahnabweichungen entsprechend Bild 3-3, 3-4 oder 3-6.

Liegt das mechanische Übertragungssystem zwischen dem Lagemeßsystem und dem Werkstück/Werkzeug, d.h. außerhalb des Lageregelkreises, entstehen sowohl bei Bahnrichtungsänderungen als auch im eingeschwungenen Zustand aufgrund der meist unterschiedlichen Kenndaten $\omega_{Omechx} \neq \omega_{Omechy}$ bzw. $D_{mechx} \neq D_{mechy}$ unterschiedlich große Laufzeiten. Hierdurch ergibt sich im eingeschwungenen Zustand bei geradlinigen Bahnen Versatz von Soll- und Istbahn (<u>Bild 3-12</u>).

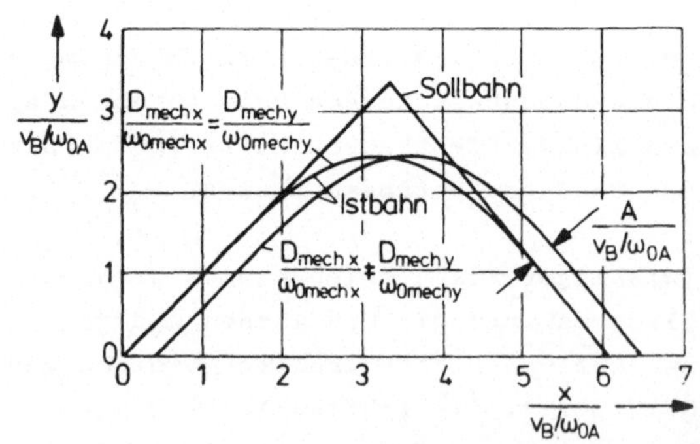

<u>Bild 3-12:</u>

Versatz von Soll- und Istbahn durch unterschiedliche Kenndaten der mechanischen Übertragungsglieder außerhalb der Lageregelkreise

Der Versatz beträgt

$$A = v_B \left(\frac{D_{mechy}}{\omega_{Omechy}} - \frac{D_{mechx}}{\omega_{Omechx}} \right) \sin 2\alpha \, .$$

Der größte Versatz tritt bei $\alpha = 45^{\circ}$ auf:

$$\frac{A_{max}}{v_B / \omega_{OA}} = \frac{\dfrac{D_{mechy}}{\omega_{Omechy}}}{\omega_{OA}} - \frac{\dfrac{D_{mechx}}{\omega_{Omechx}}}{\omega_{OA}}$$

Beispiel: X-Achse: Mechanik starr

Y-Achse: Mechanik als Einmassenschwinger mit

$$D_{mechy} = 0,5 \quad \text{und} \quad \omega_{Omechy} = 100 \ s^{-1}$$

Bahngeschwindigkeit $v_B = 2 \ \dfrac{m}{min}$

$$\text{Versatz} \quad A_{max} = \frac{D_{mechy} v_B}{\omega_{Omechy}}$$

$$= 0,17 \ mm \ (!)$$

Ergebnis:

Nachgiebige mechanische Übertragungsglieder verursachen zusätzliche Laufzeiten der Signale. Liegt das mechanische
Übertragungssystem zwischen Motor und Lagemeßsystem, dann
erzeugt dieses einen zusätzlichen Phasenschub (T_t) im Lageregelkreis, der nach Bild 3-6 zu zusätzlichen Bahnabweichungen führen kann.
Liegt das mechanische Übertragungssystem dagegen zwischen
dem Lagemeßsystem und dem Werkstück/Werkzeug, d.h. außerhalb des Lageregelkreises, dann tritt im Fall ungleicher
Dynamik $(D_{mechx} / \omega_{Omechx} \neq D_{mechy} / \omega_{Omechy})$ neben Signalund Bahnverzerrungen bei Bahnrichtungsänderungen im
eingeschwungenen Zustand V e r s a t z von Soll- und
Istbahn auf.

3.2.4 Bahnabweichungen aufgrund unterschiedlicher Geschwindigkeitsverstärkung

Bahnsteuerungen fordern gleiche Geschwindigkeitsverstärkungen in allen Achsen. Die Ursache für unterschiedlich große Geschwindigkeitsverstärkungen liegt meist in der fehlenden Integralwirkung der Geschwindigkeitsregeleinrichtung oder aber darin, daß bei der Inbetriebnahme die Verstärkung der Lageregelkreise entweder nicht mit genügender Sorgfalt oder aufgrund von Meßfehlern unzureichend aufeinander abgestimmt werden.

Im folgenden wird konstante, in den Achsen jedoch unterschiedlich große Geschwindigkeitsverstärkung vorausgesetzt.

Testbahn: Geraden

Unterschiedlich große Geschwindigkeitsverstärkungen $K_{vx} \neq K_{vy}$ verursachen bei geradlinigen Bewegungen mit der Geschwindigkeit v_B einen Versatz von Soll- und Istbahn in der Größe von

$$A = \frac{v_B}{2} \sin 2\alpha \left(\frac{1}{K_{vy}} - \frac{1}{K_{vx}} \right) \qquad [6] \, .$$

Hierin ist α der Winkel zwischen Testbahn und Achse.

Für $\alpha = 45^\circ$ ergibt sich der größte Versatz

$$A_{max} = \frac{v_B}{2} \left(\frac{1}{K_{vy}} - \frac{1}{K_{vx}} \right) \, .$$

Beispiel: Ist die Geschwindigkeitsverstärkung in einer Achse $30 \ s^{-1}$ und in der anderen Achse um 20 % größer, dann ergibt sich bei einer Bahngeschwindigkeit von 2 m/min ein Versatz von näherungsweise 100 µm.

Testbahn: Kreis

Durch unterschiedliche Geschwindigkeitsverstärkung der an
der Bahnerzeugung beteiligten Lageregelkreise ergeben sich
bei kreisförmigen Sollbahnen ellipsenförmige Istbahnen,
deren Achsen mit den Koordinatenachsen einen Winkel von
$45°$ bilden. Die maximale Abweichung beträgt im Fall
$v_B \ll R\,\omega_{OA}$: $A_{max} = R/2\,(\arg F_{Ly} - \arg F_{Lx})$ bzw.

$$A_{max} = \frac{v_B}{2}\left(\frac{1}{K_{vy}} - \frac{1}{K_{vx}}\right).$$

Beispiel: An der Bahnerzeugung sind die X- und Y-Achse be-
teiligt. Die Geschwindigkeitsverstärkung der X-Achse ist
um 20% kleiner als die der Y-Achse: $K_{vx} = 23s^{-1}$; $K_{vy} = 29s^{-1}$.

Bei einer Bahngeschwindigkeit von $v_B = 250$ mm/min verursacht
das unterschiedliche Übertragungsverhalten der Lageregelkreise aufgrund der unterschiedlich großen Geschwindigkeitsverstärkung eine Abweichung der ellipsenförmigen Istbahn
vom Kreis von $A_{max} \approx 20$ µm.

Bild 3-13 zeigt an einem Beispiel die mit Hilfe eines
Talyronds gemessenen ellipsenförmigen Verzerrungen der
Istbahn gegenüber der Sollbahn.

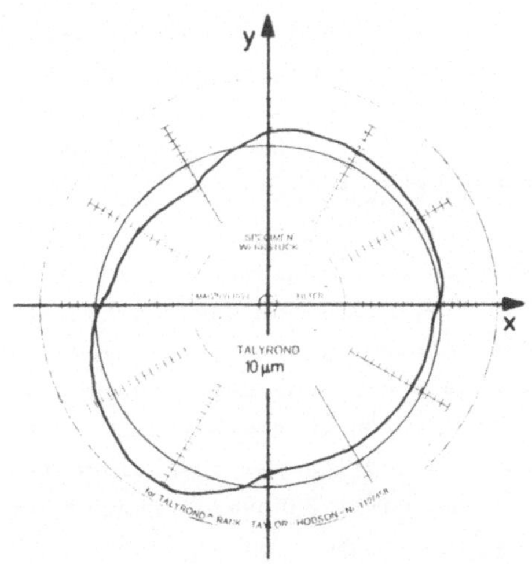

Bild 3-13:

Verzerrung der Kreis-
bahn durch unterschied-
lich große Geschwin-
digkeitsverstärkung
(Experimentell ermit-
telt)

3.3 Bahnabweichungen aufgrund nichtlinearer Signalverzerrungen

Nichtlineare Übertragungsglieder erzeugen nichtlineare
Signalverzerrungen und damit unter Umständen zusätzliche
Bahnabweichungen zum Beispiel durch

- geschwindigkeits- und belastungsabhängige Geschwindigkeitsverstärkung
- Beschleunigungsbegrenzung
- Hystereseglieder.

3.3.1 Bahnabweichungen aufgrund geschwindigkeits- und belastungsabhängiger Geschwindigkeitsverstärkung

Die geschwindigkeitsabhängige Reduzierung der Geschwindigkeitsverstärkung (K_v-Reduzierung, vergl. 2.2.2.1) im Vorschubbereich oder fehlendes Integralverhalten der Geschwindigkeitsregeleinrichtungen (z.B. durch Verwendung von Inte-
gratoren geringer Güte, durch Leckwiderstände in den Begrenzungseinrichtungen oder durch Diodennetzwerke [6])
verursacht immer einen nichtlinearen Zusammenhang von
Schleppabstand und Bahngeschwindigkeit.

Bei der K_v-Reduzierung ergeben sich durch unterschiedlich große Achsgeschwindigkeiten abhängig von der Bahngeschwindigkeit und dem Richtungsvektor der Bahn unterschiedlich große Geschwindigkeitsverstärkungen in den
an der Bahnerzeugung beteiligten Achsen.

Bei fehlendem Integralverhalten sind die Achsgeschwindigkeiten zusätzlich Funktionen der Beanspruchung der Vorschubantriebe durch Schnitt-, Reib- und Gewichtskräfte,
Nichtlinearitäten in den Antriebssystemen und Regelein-
richtungen (Unempfindlichkeitsbereich, Begrenzung) und
der Position des Supports. Hierdurch ergeben sich selbst
im Beharrungszustand unterschiedliche Geschwindigkeitsverstärkungen in den Achsen und damit Bahnverzerrungen entsprechend 3.2.4.

3.3.2 Bahnabweichungen aufgrund von Beschleunigungsbegrenzung

Jede Begrenzung der Beschleunigung (Strom-, Druck- oder Drehmomentenbegrenzung) führt nach 2.1.4 zu einer Entdämpfung der Lageregelkreise, die sowohl beim Anfahren auf geradlinigen und kreisförmigen Bahnen als auch beim Positionieren und Umfahren schiefwinkliger Ecken, Abweichungen von der Sollbahn zur Folge hat.

__Bild 3-14__ zeigt am Beispiel eines Positioniervorgangs Lage x_i (bezogen auf v_B/ω_{OA}) und die Beschleunigung a_i (bezogen auf $v_B \cdot \omega_{OA}$) über der Zeit:

    a)   ohne Begrenzung der Beschleunigung

    b)   mit Begrenzung der Beschleunigung (a_g) auf 70 % der maximalen Beschleunigung a_{max} im Fall a ($a_g/a_{max} = 0{,}7$).

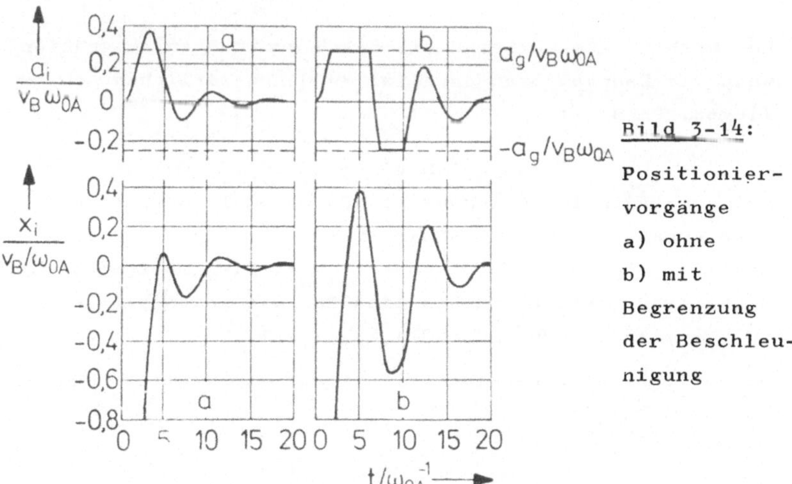

__Bild 3-14:__ Positioniervorgänge a) ohne b) mit Begrenzung der Beschleunigung

Bei begrenzter Beschleunigung (b) ergeben sich erhebliche Überschwing- und Unterschwingabweichungen über bzw. unter die Zielposition.

Berechnung der maximalen Beschleunigung

Die Größe der maximalen Beschleunigung a_{max} im Antriebssystem ist bei stückweise geradlinigen Bahnen im Leer-
lauf (ohne Beanspruchung der Antriebe) nach [17] proportional zur Geschwindigkeitsverstärkung K_v und zur Änderung der Achsgeschwindigkeit Δv_x:

$$a_{max} = K_v \, \Delta v_x \qquad [17] \, .$$

Beim Anfahren und Anhalten in Achsrichtung beträgt die
Änderung der Achsgeschwindigkeit $\Delta v_x = v_B$ und die maximale Beschleunigung

$$a_{max} = K_v v_B \, .$$

Beim Verfahren auf Kreisbahnen mit dem Radius R ist im
Beharrungszustand die maximale Beschleunigung $a_{max} = R \, \omega_B^2$
bzw. $a_{max} = v_B \, \omega_B$. Da i.allg. die Winkelgeschwindigkeit
$\omega_B = v_B / R$ klein gegenüber K_v ist, interessiert bei Kreisbahnen nur der Anfahr- und Haltevorgang.

Bei Richtungsumkehr sind die Beschleunigungen am größten,
wenn die Bahnvektoren parallel zu den natürlichen Achsen
liegen. Dann ist

$$a_{max} = 2 v_B K_v \, .$$

Bei schiefwinkligen Ecken ist die maximale Beschleunigung
eine Funktion vom Eckenwinkel β und der Lage der Ecken bezüglich der natürlichen Achsen (α). Die größten Geschwindigkeitsänderungen ergeben sich für die Lagen, bei denen
$\alpha = - \beta / 2 \pm n \, 90^o$ $(n = 0,1,2 \ldots)$ ist.

Bei beliebigem Eckenwinkel β beträgt die maximale Beschleunigung

$$a_{max \, \beta} = 2 v_B K_v \cos \frac{\beta}{2} \, .$$

Diese ist für $\beta < 120^o$ und $\alpha = - \dfrac{\beta}{2} \pm n 90^o$ $(n = 0,1,2 \ldots)$
stets größer als beim Anfahren und Anhalten.

Berechnung der Bahnabweichungen bei schiefwinkligen Ecken

Die Berechnung der Bahnabweichungen wird mittels digitaler Simulation beschleunigungsbegrenzter Lageregelkreise durchgeführt. Die Grenzbeschleunigung a_g wird hierbei auf 90%, 80%...60% der Werte von $a_{max\ ß}$ eingestellt, die nicht begrenzte Lageregelkreise erfordern.

Die Bahnabweichungen, die sich beim Umfahren von Ecken durch Beschleunigungsbegrenzung ergeben, sind grundsätzlich Über- und Unterschwingabweichungen. <u>Bild 3-15</u> zeigt hiervon die bezogenen Maximalabweichungen über dem Eckenwinkel $ß$. Parameter sind die bezogene Geschwindigkeitsverstärkung K_v/ω_{OA} und die bezogene Grenzbeschleunigung $a_g/a_{max\ ß}$.

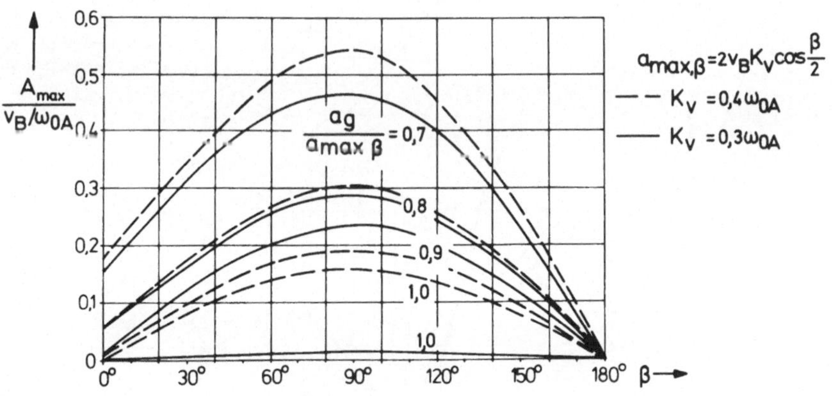

<u>Bild 3-15</u>: Maximale Überschwing- und Unterschwingabweichungen durch Beschleunigungsbegrenzung bei schiefwinkligen Ecken

<u>Ergebnis</u>:

Größte Abweichungen durch Beschleunigungsbegrenzung ergeben sich grundsätzlich bei rechtwinkligen Ecken ($\beta = 90°$).
Mit wachsender Geschwindigkeitsverstärkung nehmen die Abweichungen zu.
Beträgt die Grenzbeschleunigung (a_g) weniger als 70% von
der im nicht begrenzten Fall benötigten Beschleunigung
von $a_{max\ ß=90°} = \sqrt{2}v_B K_v$, kann grundsätzlich <u>Instabilität</u>
auftreten.

<u>Bild 3-16</u> zeigt am Beispiel der rechtwinkligen Ecke für
den Fall $\alpha = 45°$ (größte Beschleunigung bei rechtwinkliger
Ecke) die durch die Begrenzung der Beschleunigung verursachten Bahnverzerrungen.

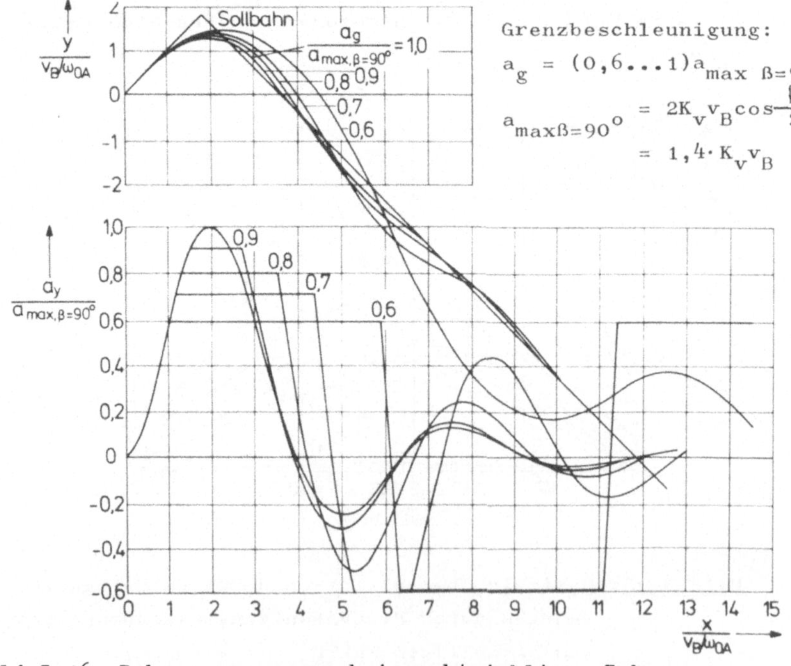

<u>Bild 3-16</u>: Bahnverzerrungen bei rechtwinkligen Ecken
durch Beschleunigungsbegrenzung.
Antrieb als Verzögerungsglied 2.Ordnung
($D_A = 0{,}5$; $K_v = 0{,}4 \cdot \omega_{OA}$)

<u>Zusammenfassung und Interpretation:</u>

Beim Umfahren von schiefwinkligen Ecken vergrößern sich
die Überschwing- und Unterschwingabweichungen im Gegensatz zu den Eckenabweichungen mit zunehmender Begrenzung
der Beschleunigung entsprechend Bild 3-15.
Größte Abweichungen ergeben sich grundsätzlich bei rechtwinkligen Ecken, wenn diese bezogen auf die natürlichen
Achsen um $\alpha = 45^{\circ}$ gedreht sind und große Geschwindigkeitsverstärkung gewählt wird.
Wird die Beschleunigung auf Werte unter 70% der im unbegrenzten Fall benötigten Beschleunigung von $2v_B K_v \cos \dfrac{\beta}{2}$
begrenzt, kann I n s t a b i l i t ä t der Lageregel-
kreise auftreten.
Für den Anwender bedeutet das, daß die Grenzbeschleunigung a_g stets größer als die benötigte Maximalbeschleu-
nigung a_{max} gewählt werden muß.

3.3.3 <u>Bahnabweichungen durch Hysterese</u>

Liegt die Hysterese <u>außerhalb</u> des Lageregelkreises, dann
erzeugt diese sowohl bei transienten Vorgängen als auch
im Beharrungszustand Bahnabweichungen in der Größe der
Hysterese (Umkehrspanne) $[4,5,6]$.

Befindet sich die Hysterese <u>innerhalb</u> der Lageregeleinrichtung zwischen der lagegeregelten Bewegungseinheit und
dem Lagevergleich, dann führt diese zu Pendelbewegungen
der lagegeregelten Bewegungseinheit und bei starr und
spielfrei gekoppelten mechanischen Übertragungsgliedern
außerhalb des Lageregelkreises auch zu Pendelbewegungen
des Werkstücks/Werkzeugs (vergleiche Bild 2-21).

Eine Hysterese zwischen Geschwindigkeitsmeßsystem und
Lagemeßsystem verursacht dagegen k e i n e bleibende
Abweichung beim Positionieren und keinen Versatz bei
geradlinigen Bahnen im eingeschwungenen Zustand (v_B=kon-
stant).

Bei Beschleunigungsvorgängen können jedoch nichtlineare
Signalverzerrungen und damit zusätzliche Bahnabweichungen
auftreten. Anhand von stückweise geradlinigen und kreisförmigen Testbahnen wird im folgenden Art und Größe der
durch Hysterese zwischen Geschwindigkeitsmeßsystem und
Lagemeßsystem resultierenden zusätzlichen Bahnabweichungen untersucht.

Stückweise geradlinige Testbahnen

Bei stückweise geradlinigen Bahnen sind die durch Hysterese
zusätzlich verursachten Bahnabweichungen abhängig von der
Bahngeschwindigkeit, von den Lageregelkreisparametern (K_v,
ω_{OA}, D_A) einschließlich der Größe der Hysterese $2x_H$, $2y_H$
und   -beim Anfahren vom Winkel zwischen dem Bahnrichtungs-
        vektor und den natürlichen Achsen (α)
       -beim Umfahren schiefwinkliger Ecken vom Eckenwinkel β
        und der Lage bezüglich der Achsen (α).

Bild 3-17 zeigt die an einer Fräsmaschine experimentell
ermittelten typischen Bahnverzerrungen durch Hysterese
 -beim Anfahren unter unterschiedlichem Startwinkel
 -beim Umfahren von stumpfwinkligen Ecken unterschiedlicher
  Lage bezüglich der natürlichen Achsen.

Die durch Hysterese zusätzlich verursachten Bahnabweichungen sind vom Richtungsvektor abhängig. Die Maximalabweichungen sind beim Anfahren und Umfahren der Ecken gleich
groß.

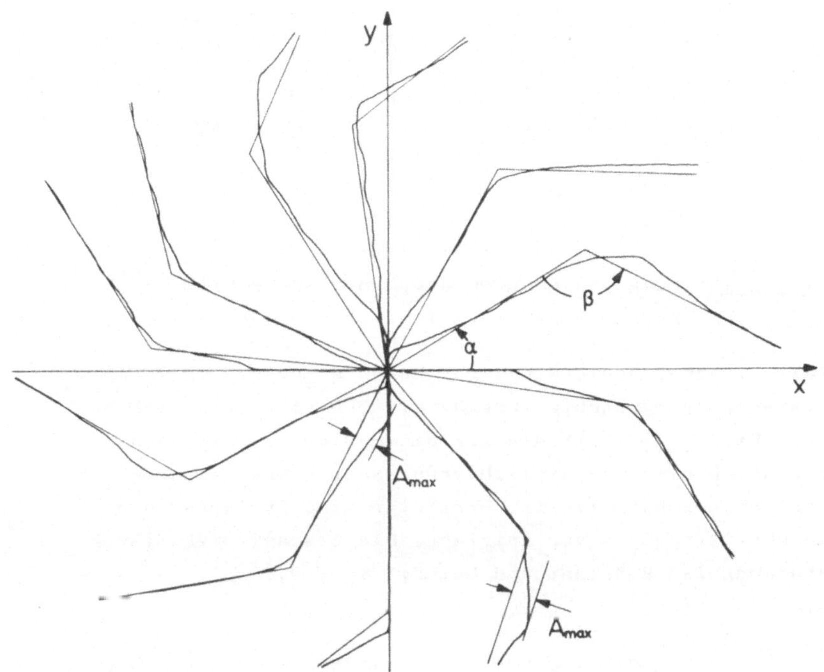

Bild 3-17: Experimentell an einer Fräsmaschine ermittelte Bahnverzerrungen durch Hysterese

Variiert man die Hysterese, die Lage der Ecken, die Eckenwinkel und die Geschwindigkeitsverstärkung, dann ergeben
sich die in **Bild 3-18** dargestellten auf die Hysterese $2x_H$
bezogenen zusätzlichen Bahnabweichungen ΔA_{max} über der auf
v_B/ω_{OA} bezogenen Hysterese (Paramter: K_v/ω_{OA}) beim
A n f a h r e n . Hierbei ist jeweils der ungünstigste
Startwinkel gewählt, bei dem die durch Hysterese zusätzlich verursachten Abweichungen am größten sind.

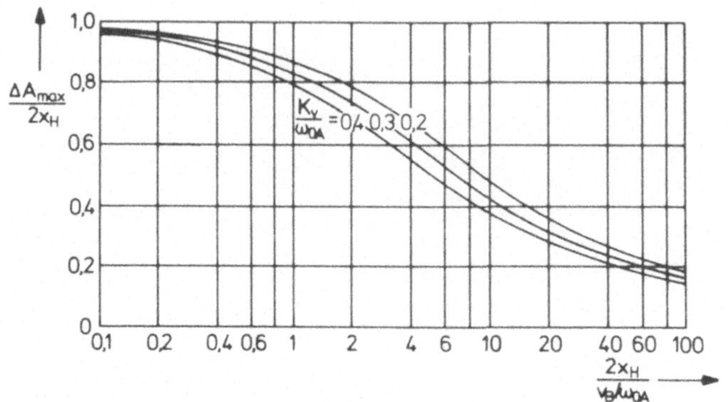

Bild 3-18: Bahnabweichungen durch Hysterese beim
Anfahren auf geradlinigen Testbahnen

Beim Umfahren schiefwinkliger Ecken ergeben sich durch
Hysterese verursachte vergrößerte Überschwingabweichungen. **Bild 3-19** zeigt die auf die Hysterese bezogenen
und durch diese zusätzlich verursachten Abweichungen über
der Bahngeschwindigkeit. Parameter sind Hysterese und
Kennkreisfrequenz der Antriebe. Die Geschwindigkeitsverstärkung ist konstant und beträgt $K_v = 0,4\ \omega_{0A}$.

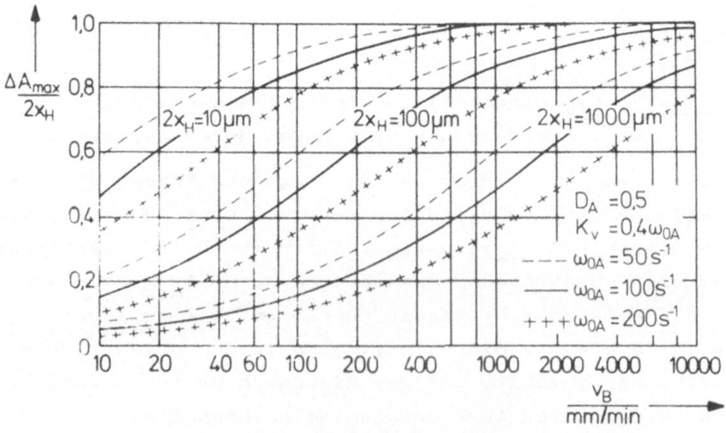

Bild 3-19: Bahnabweichungen durch Hysterese beim
Umfahren schiefwinkliger Ecken

Ergebnis und Interpretation

Die beim Anfahren auf geradlinigen Bahnen durch Hysterese
verursachten Bahnabweichungen entsprechen denen, die beim
Umfahren schiefwinkliger Ecken entstehen. Die Abweichungen
sind stets kleiner als die Hysterese.

Wählt man jeweils den Startwinkel α bzw. den Eckenwinkel β
und die Lage der Ecken bezüglich der natürlichen Achsen so,
daß größte Abweichungen auftreten, dann ergeben sich die
in Bild 3-19 dargestellten durch Hysterese verursachten
zusätzlichen Abweichungen als Funktion von Bahngeschwindigkeit, Kennkreisfrequenz der Antriebe und Hysterese. Die Geschwindigkeitsverstärkung ist hierbei konstant. Ihren Einfluß auf die Abweichungen zeigt Bild 3-18. Im folgenden
wird die Wirkung der einzelnen Parameter auf die durch
Hysterese zusätzlich erzeugten Abweichungen interpretiert.

Einfluß der Antriebsdynamik

Die Dynamik der Antriebe (ω_{OA}) hat nur wenig Einfluß
auf die durch Hysterese verursachten Bahnabweichungen.
Aus Bild 3-19 geht hervor, daß zum Beispiel eine Er-
höhung der Dynamik von ω_{OA} auf $2\,\omega_{OA}$ die durch Hysterese
verursachten Abweichungen im günstigsten Fall um 20%...30%
vermindern.
Für die Praxis bedeutet das, daß die mit hohem technischen
Aufwand begleitete Erhöhung der Antriebsdynamik nur ge-
ringfügige Reduzierung der durch Hysterese verursachten
Abweichungen bewirkt.

Beispiel: Hysterese $2x_H = 100\ \mu\text{m}$; $v_B = 600$ mm/min
$\omega_{OA} = 100\ \text{s}^{-1}$; $D_A = 0,5$; $T_t = 0$
$K_v = 40\ \text{s}^{-1}$

Aus Bild 3-19 ergibt sich eine zusätzliche
Abweichung von $\Delta A_{max} = 80\ \mu\text{m}$. Erhöht man die
Antriebsdynamik auf $\omega_{OA} = 200\ \text{s}^{-1}$, dann reduzieren sich die zusätzlichen Abweichungen
von 80 µm auf 70 µm.

Einfluß der Geschwindigkeitsverstärkung

Durch Erhöhung der Geschwindigkeitsverstärkung werden die
durch Hysterese verursachten zusätzlichen Abweichungen
reduziert. Der Einfluß der Geschwindigkeitsverstärkung
ist jedoch äußerst gering, so daß zum Beispiel bei Ver-
doppelung der Geschwindigkeitsverstärkung diese im günstigsten Fall um höchstens 15% reduziert werden können.

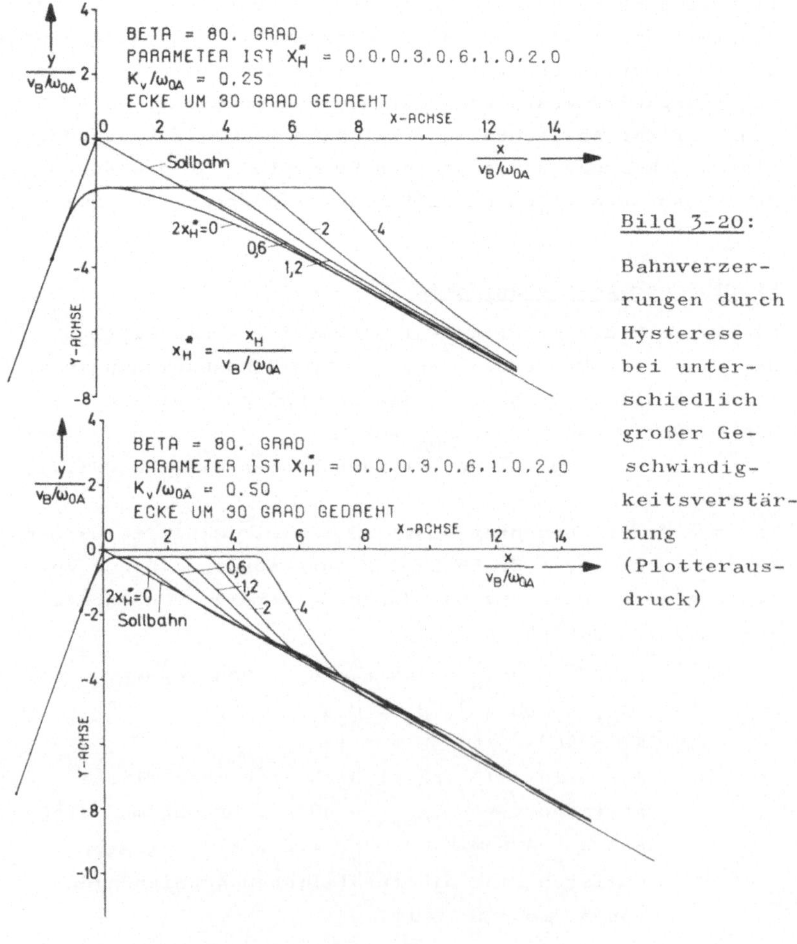

Bild 3-20:

Bahnverzerrungen durch Hysterese bei unterschiedlich großer Geschwindigkeitsverstärkung (Plotterausdruck)

Bild 3-20 zeigt an einem Beispiel das geplottete Simulationsergebnis von Soll- und Istbahnen beim Umfahren einer Ecke mit dem Eckenwinkel $\beta = 80^\circ$. Die Ecke ist um 30° bezüglich der Y-Achse gedreht. Variiert wird die Hysterese und die Geschwindigkeitsverstärkung.

Das Beispiel zeigt, daß durch Vergrößerung der Geschwindigkeitsverstärkung um 100 % die Eckenabweichungen, die hierbei unabhängig von der Größe der Hysterese sind, erheblich reduziert werden. Die Überschwingabweichungen werden dagegen im Fall $2x_H = 4v_B/\omega_{OA}$ praktisch nur um weniger als 3 % gesenkt.

Einfluß der Bahngeschwindigkeit

Durch Änderung der Bahngeschwindigkeit kann nur dann eine erhebliche Reduzierung der durch Hysterese verursachten Bahnabweichungen erzielt werden, wenn die Geschwindigkeit um Zehnerpotenzen verkleinert wird.

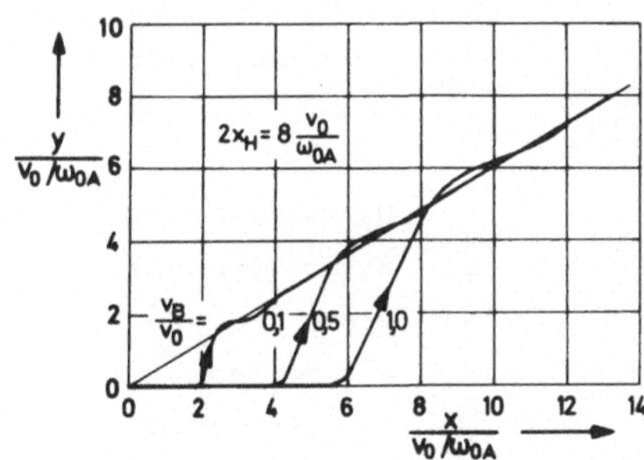

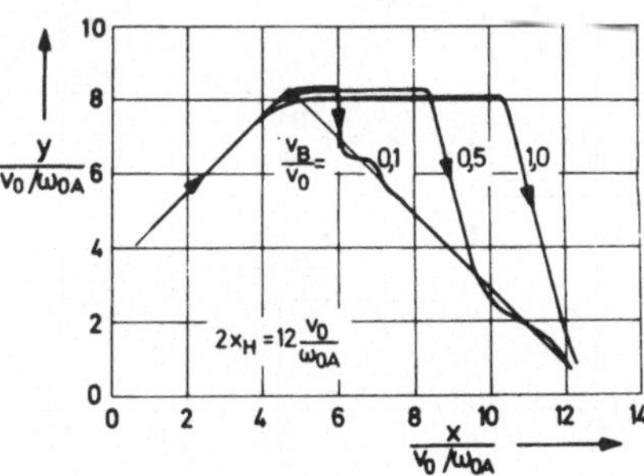

Bild 3-21: Bahnverzerrungen durch Hysterese beim Anfahren mit unterschiedlicher Geschwindigkeit

Bild 3-22: Bahnverzerrungen durch Hysterese beim Umfahren rechtwinkliger Ecken mit unterschiedlicher Geschwindigkeit

Bild 3-21 zeigt an einem Beispiel das Anfahren auf geradliniger Bahn ($\alpha = 30^{o}$) mit unterschiedlich großer Bahngeschwindigkeit $v_B = (0,1 \ldots 0,5 \ldots 1)v_0$.

(v_0 - Konstante Bezugsgeschwindigkeit; Hysterese: $2x_H = \dfrac{8v_0}{\omega_{OA}}$)

Bild 3-22 zeigt an einem Beispiel die Auswirkung unterschiedlicher Bahngeschwindigkeit auf die durch Hysterese verursachten Überschwingabweichungen beim Umfahren einer rechtwinkligen Ecke. $v_B = (0,1 \ldots 0,5 \ldots 1)v_0$; $2x_H = 12v_0 / \omega_{OA}$.

Stückweise kreisförmige Testbahnen

Werden kreisförmige Bahnen durch zwei translatorische Achsen erzeugt, dann ergeben sich bei jedem Richtungswechsel durch Hysterese verursachte typische Bahnverzerrungen. **Bild 3-23** zeigt die an einem Bearbeitungszentrum experimentell ermittelten Verzerrungen von kreisförmigen Bahnen durch Hysterese innerhalb der Lageregelkreise.

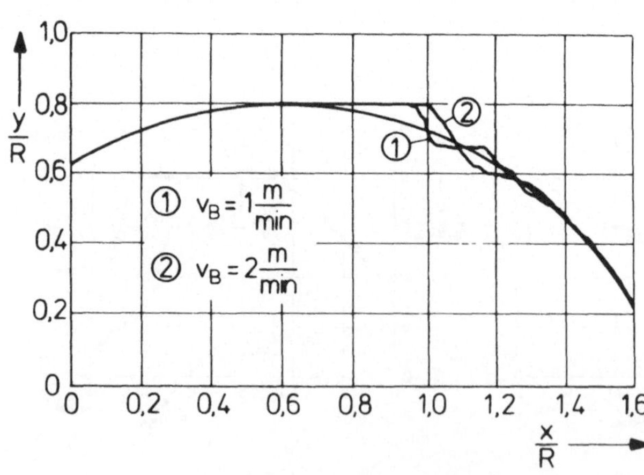

Bild 3-23: Typische Verzerrungen der kreisförmigen Bahn durch Hysterese. Experimentell ermittelt an einem Bearbeitungszentrum

Durch Simulation zweier Lageregelkreise können die durch Hysterese verursachten zusätzlichen Bahnabweichungen in Abhängigkeit von der Winkelgeschwindigkeit $\omega_B = v_B/R$ und den in beiden Achsen gleich großen Lageregelkreisparametern ($D_A = 0,5$; $T_t = 0$; $K_v = 0,4\,\omega_{OA}$) bei kreisförmigen Testbahnen ermittelt werden.

<u>Bild 3-24</u> zeigt die auf $2x_H$ bezogenen zusätzlichen Abweichungen ΔA_{max}.

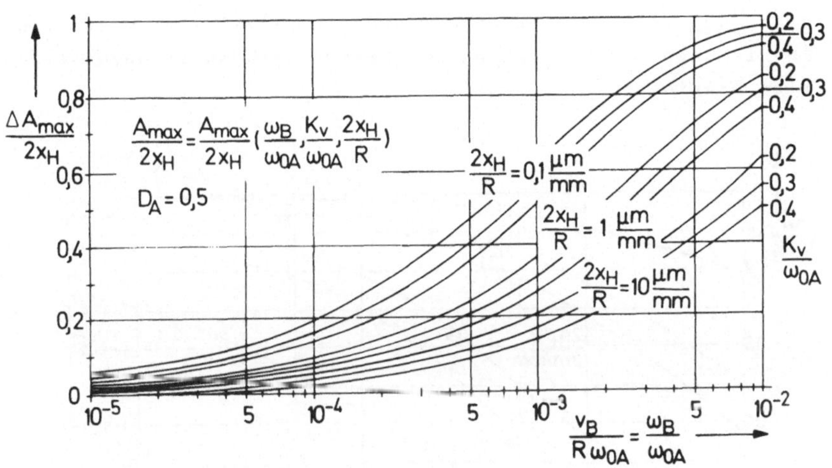

<u>Bild 3-24</u>: Bahnabweichungen durch Hysterese beim Durchfahren von Kreisbahnen

Der Einfluß der Antriebsdynamik und der Geschwindigkeitsverstärkung ist wie bei geradlinigen Bahnen bzw. schiefwinkligen Ecken äußerst gering, so daß praktisch nur über die Bahngeschwindigkeit eine Verminderung der Bahnabweichungen erzielt werden kann. Dann aber muß die Bahngeschwindigkeit um Zehnerpotenzen reduziert werden.

Beim <u>Anfahren</u> auf Kreisbahnen erhöhen sich die Bahnabweichungen durch Hysterese unter Umständen auf ein
Vielfaches der Abweichungen, die beim Fahren mit konstanter Bahngeschwindigkeit auf Kreisbähnen entstehen.
Durch Simulation von Lageregelkreisen wird in Abhängigkeit unterschiedlicher Startwinkel gezeigt, daß immer
dann mit großen Verzerrungen zu rechnen ist, wenn beim
Anfahren die Richtung des Bahnvektors n i c h t in
Achsrichtung zeigt.

<u>Bild 3-25</u> zeigt die durch Hysterese zusätzlich verursachten
Abweichungen beim Anfahren auf Kreisbahnen unter ungünstig-
stem Startwinkel γ .

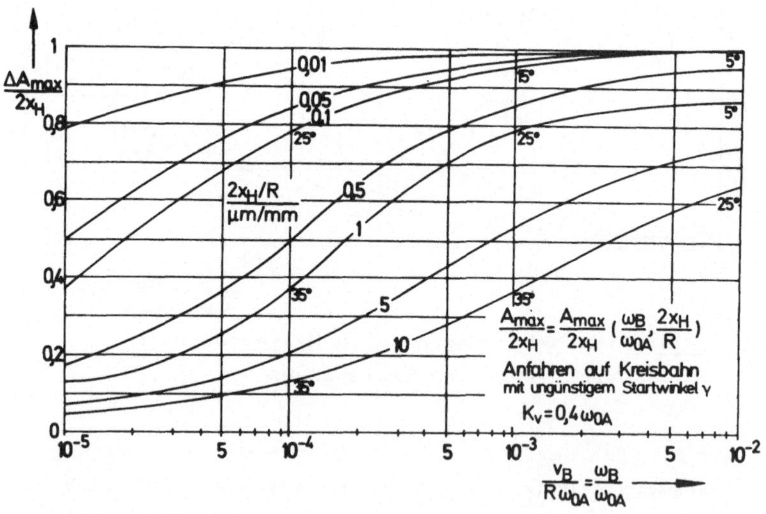

<u>Bild 3-25</u>: Durch Hysterese zusätzlich verursachte Bahn-
abweichungen beim Anfahren auf Kreisbahnen

Ergebnis:

Die durch Hysterese zusätzlich verursachten Bahnabweichungen beim Anfahren auf Kreisbahnen sind stets kleiner als die Hysterese, jedoch größer als diejenigen Abweichungen, die bei Richtungswechsel bzw. beim Anfahren parallel zu einer natürlichen Achse entstehen. Durch Erhöhung der Antriebsdynamik und der Geschwindigkeitsverstärkung oder durch Reduzierung der Bahngeschwindigkeit können die durch die Hysterese verursachten Abweichungen nur in sehr engen Grenzen beeinflußt werden.

Zusammenfassung

Hysterese in Lageregelkreisen zwischen Motor und Lagemeßsystem verursacht dann nichtlineare Signalverzerrungen und damit Bahnabweichungen, wenn bei den Beschleunigungsvorgängen eine Richtungsumkehr in einer der an der Bahnerzeugung beteiligten Achsen stattfindet. Die Maximalabweichungen sind stets kleiner als die Hysterese. Beim Anfahren auf geradlinigen Bahnen ergeben sich die gleichen Abweichungen wie beim Umfahren von schiefwinkligen Ecken. Beim Anfahren auf Kreisbahnen treten die größten Maximalabweichungen auf, wobei der Startwinkel, unter dem die größten Abweichungen auftreten, abhängig ist vom Radius, von der Geschwindigkeit, von der Hysterese und von der Antriebsdynamik (Bild 3-25).

Über die Geschwindigkeitsverstärkung und die Antriebsdynamik kann eine Beeinflussung der Bahnabweichungen nur in sehr engen Grenzen durchgeführt werden. In der Praxis kann nur die Verminderung der Geschwindigkeit Erfolg bringen. Allerdings erfordert dies häufig Geschwindigkeitsänderungen um mehrere Zehnerpotenzen.

3.4 <u>Zusammenfassung</u>

Die Parameter der Lagesteuerungen haben unterschiedlichen Einfluß auf Größe und Art der Verzerrungen von geradlinigen, stückweise geradlinigen und kreisförmigen Bahnen. Voraussetzung für minimale Bahnverzerrungen sind optimal eingestellte Regelkreise.
Diese Bedingung ist bei geschwindigkeitsgeregelten Vorschubantrieben (Geschwindigkeitsregelkreis, Drehzahlregelkreis) dann erfüllt, wenn bei größtmöglicher Kennkreisfrequenz und kleinstmöglicher Totzeit über die Reglerparameter eine Dämpfung des Vorschubantriebs von $0,5 \leqq D_A \leqq 0,6$ gewählt wird (Bild 2-14).
Die optimale Geschwindigkeitsverstärkung der Lageregelkreise wird aus dem Diagramm in Bild 3-5 abhängig von Kennkreisfrequenz und Totzeit des Vorschubantriebs bestimmt.
Bild 3-6 zeigt die Größe der Bahnabweichungen, die bei nicht optimal eingestellten Lageregelkreisen durch die entdämpfende Totzeit entstehen. Unterschiedliche Antriebsparameter ($\omega_{OAx} \neq \omega_{OAy}$) führen insbesondere beim Umfahren von schiefwinkligen Ecken nach Bild 3-11 zu vergrößerten Eckenabweichungen. Unterschiedliches Zeitverhalten der nachgiebigen, mechanischen Übertragungsglieder ($\omega_{Omechx}/D_{mechx} \neq \omega_{Omechy}/D_{mechy}$) verursachen unterschiedliche Laufzeiten der Signale, so daß hierdurch bei mechanischen Übertragungsgliedern außerhalb der Lageregelkreise Versatz von Soll- und Istbahn (Bild 3-12) auftritt.
Dieselbe Wirkung wird auch durch unterschiedlich große Geschwindigkeitsverstärkung der an der Bahnerzeugung simultan beteiligten Achsen hervorgerufen. Bei kreisförmigen Bahnen entstehen ellipsenförmige Bahnverzerrungen (Bild 3-13).
Bei nicht konstanter (geschwindigkeitsabhängiger, lastabhängiger) Geschwindigkeitsverstärkung ergeben sich sowohl im Beharrungszustand als auch bei Bahnrichtungs-

änderungen entsprechende Bahnabweichungen (3.2.4).

Jede Beschleunigungsbegrenzung entdämpft die Lageregelkreise (Bild 3-14) und hat insbesondere bei schiefwinkligen Ecken vergrößerte Überschwing- und Unterschwingabweichungen (Bild 3-15, 3-16) zur Folge.
Wird die Beschleunigung auf Werte unter 70% der im
unbegrenzten Fall benötigten Beschleunigung ($a_{max} = K_v \Delta v$)
begrenzt, muß mit Instabilität der Lageregelkreise gerechnet werden.

Hysterese außerhalb des Lageregelkreises (Umkehrspanne)
führt zwangsläufig sowohl im Beharrungszustand als auch
bei Bahnrichtungsänderungen zu Abweichungen in der Größe
der Umkehrspanne, Hysterese zwischen lagegeregelter Bewegungseinheit und Lagemeßsystem zu Pendelungen des
Werkstücks bzw. Werkzeugs (Bild 2-21) und Hysterese zwischen Motor und lagegeregelter Bewegungseinheit zu zusätzlichen Bahnabweichungen entsprechend Bild 3-18...
Bild 3-25.
Die Größe dieser zusätzlichen Abweichungen ist abhängig
von der Geschwindigkeitsverstärkung, der Antriebsdynamik
und der Bahngeschwindigkeit.

Zur Reduzierung der Bahnabweichungen muß häufig die
Bahngeschwindigkeit zurückgenommen werden. Dies führt
jedoch zu vergrößerten Bearbeitungszeiten. Deshalb werden
im folgenden Kapitel Maßnahmen untersucht, die entweder
die Ursachen für die Bahnverzerrungen schon bei der
Dimensionierung und Optimierung der Lagesteuerungen
eliminieren oder aber deren Wirkung durch entsprechende Programmierung und Interpolation vermindern.

4 MASSNAHMEN ZUR REDUZIERUNG DER BAHNVERZERRUNGEN UND BAHNABWEICHUNGEN

Lineare und nichtlineare Signalverzerrungen und hieraus
resultierende Bahnabweichungen können durch Maßnahmen
bei der Dimensionierung und Optimierung der Regelkreise, bei der Programmierung der Bahnen und bei der Interpolation in der numerischen Steuerung reduziert
werden.

4.1 Dimensionierung und Optimierung der Regelkreise

Die Auslegung der Antriebe einschließlich der mechanischen Übertragungsglieder bezüglich Moment (Kraft),
maximaler Vorschubgeschwindigkeit und Eilgang und ins-
besondere bezüglich Dynamik ist in $\begin{bmatrix} 4,6,7,8,10...16,18, \\ 19,24 \end{bmatrix}$ durchgeführt. Hohe Dynamik der Antriebe bedeutet
- hohe Kennkreisfrequenz
- kleine Totzeit
- optimale Dämpfung $(0,5 \leqq D_A \leqq 0,6)$.

Hohe Kennkreisfrequenz wird dadurch erzielt, daß bei
hohem Moment die Energiespeicher L_a bzw. $\beta_{öl} v_0$ und
das auf die Motorwelle bezogene Gesamtmassenträgheitsmoment klein sind.
Andererseits muß aber hohes Massenträgheitsmoment zur
Dämpfung der Antriebe und Verbesserung des Störver-
haltens verlangt werden.

Beiden Anforderungen genügen Servomotoren mit hohem Eigenträgheitsmoment und entsprechend hohem Motordrehmoment. Beim Einsatz dieser Servosysteme kann das Zeitverhalten schon beim Entwurf der Lagesteuerung im voraus abgeschätzt werden, weil das Massenträgheitsmoment der mechanischen Übertragungsglieder das Zeitverhalten des Gesamtsystems nicht oder nur unwesentlich beeinflußt.

Dann bestimmt der geschwindigkeitsgeregelte Motor o h n e gekoppelte Maschine das Zeitverhalten des Geschwindigkeitsregelkreises.

Dieser Vorteil ist insbesondere bei den sogenannten Torque-Motoren oder Langsamläufer-Motoren zutreffend [16] , deren Eigenmassenträgheitsmoment zum Beispiel häufig eine bis zwei Zehnerpotenzen größer ist als das von Hydraulikmotoren [4] .

Bild 4-1 zeigt hierzu den experimentell ermittelten Frequenzgang eines Vorschubantriebs mit Langsamläufermotor (hohes Massenträgheitsmoment des Motors) aufgenommen an einem Bearbeitungszentrum einmal m i t und einmal o h n e gekoppelte mechanische Übertragungsglieder der Maschine.

Das Zeitverhalten des Antriebssystems ändert sich durch die Ankoppelung der Maschine (Tischmasse 10 t) bezüglich Dämpfung, Kennkreisfrequenz und Totzeit nur unwesentlich. Durch den Einsatz gleicher Motoren kann in allen Achsen gleiches Zeitverhalten erzielt werden.

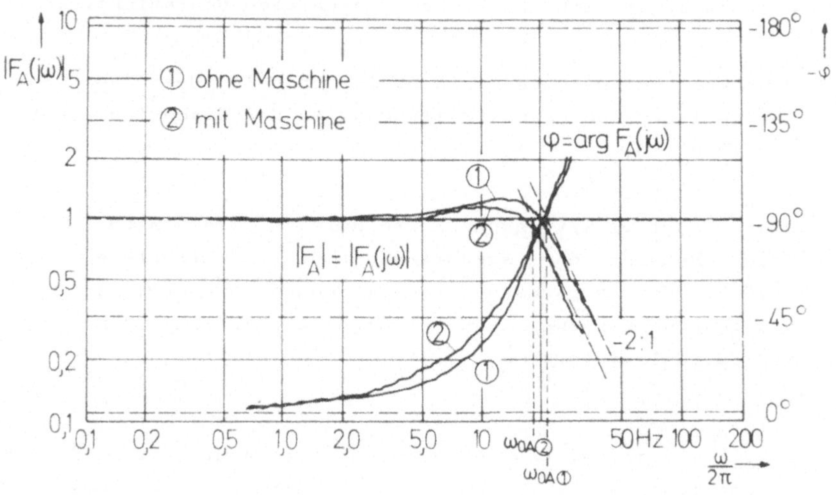

Bild 4-1: Frequenzgang eines Vorschubantriebs beim
Einsatz von Motoren mit hohem Eigenträg-
heitsmoment m i t und o h n e gekoppelte
Maschine

Daß diese Maßnahmen auch an größeren Bearbeitungszentren
mit Supportgewichten von mehr als 10 t realisiert werden
können, beweisen experimentell durchgeführte Untersuchungen. Hierbei hat man die elektro-hydraulischen Servo-
antriebe durch elektrische Gleichstromantriebe mit hohem
Eigenträgheitsmoment ersetzt und das Zeitverhalten der
Achsen anhand von Frequenzgangmessungen verglichen [16].

<u>Bild 4-2</u> zeigt die experimentell ermittelten Frequenzgänge der Vorschubantriebe an einem Bearbeitungszentrum, einmal mit Gleichstrommotor und einmal mit Hydraulikmotor.

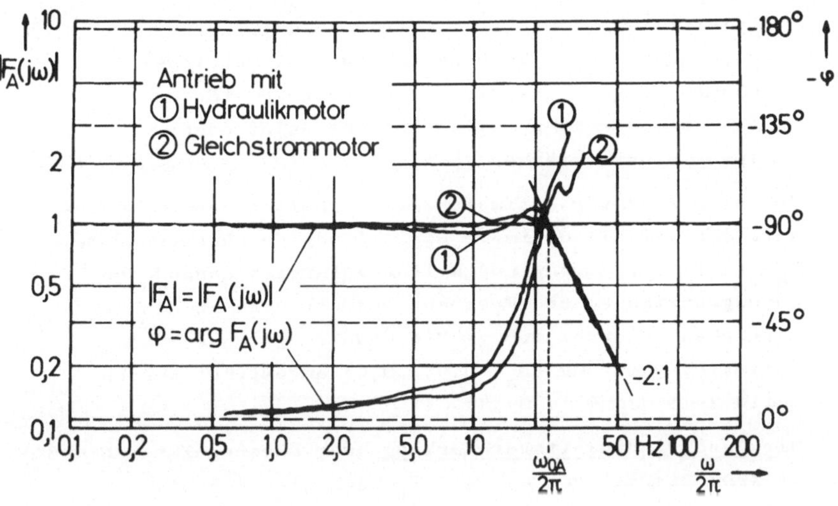

<u>Bild 4-2</u>: Frequenzgang eines Antriebs an einem Bearbeitungszentrum mit Gleichstrommotor und Hydraulikmotor

Beide Antriebssysteme haben in Verbindung mit den gleichen mechanischen Übertragungsgliedern praktisch gleiches Zeitverhalten.

<u>Totzeit</u> im Antriebssystem und Lageregelkreis wird u.a. verursacht durch

     -elastische Koppelung der Maschine mit dem Motor
     -Phasenanschnitt bei elektrischen Verstärkern
     -nichtlineares Verhalten elektrischer, hydraulischer
     und pneumatischer Verstärker.

Die Totzeit im Antriebssystem wird verringert durch

-Motoren mit hohem Eigenträgheitsmoment (Verminderung
 der Rückwirkung der elastisch gekoppelten, mechanischen Übertragungsglieder; großes Verhältnis J_G/J_{mech},
 vergleiche 2.1.3.2)
-hohe Steifigkeit der mechanischen Übertragungsglieder
 d.h. große Kennkreisfrequenz ω_{Omech}
-spielfreie, mechanische Übertragungsglieder
-geringe trockene Reibung (Führungen, Getriebe)
-höherpulsige, elektrische Leistungsverstärker
 (3-, 6- oder 12-pulsiger Phasenschnitt oder
 Transistorverstärker).

Voraussetzung für optimales Zeitverhalten der Vorschubantriebe ist die optimale Einstellung der Reglerparameter
K_R und T_R der Geschwindigkeitsregelkreise anhand von
Sprungfunktionen und Frequenzgangmessungen an den Servo-
antrieben. Hierbei muß größte Kennkreisfrequenz bei
optimaler Dämpfung ($D_A = 0,5...0,6$) angestrebt werden
(Bild 2-13 und Bild 2-14).

Die <u>Geschwindigkeitsverstärkung</u> der Lageregelkreise muß
in Abhängigkeit von ω_{OA} und T_t nach Bild 3-5 optimal
und in allen Achsen (im Vorschubbereich) gleich groß
eingestellt werden. Voraussetzung hierfür ist, daß durch
den Integralanteil der Geschwindigkeitsregeleinrichtung
Unabhängigkeit von Größe und Richtung der Geschwindigkeit
und Beanspruchung durch Reibung, Schnitt- und Belastungs-
kräfte besteht. Die Einstellung der Geschwindigkeitsverstärkung muß sehr gewissenhaft durchgeführt werden.
Unterscheiden sich zum Beispiel die Geschwindigkeitsverstärkungen um 3%, dann können -natürlich abhängig von
der Größe der Bahngeschwindigkeit- Bahnabweichungen bis
zu einem zehntel Millimeter entstehen (vergleiche 3.2.4).
Unterschiedliches Zeitverhalten der an der Bahnerzeugung
beteiligten <u>mechanischen Übertragungsglieder</u> zwischen
Lagemeßsystem und Werkstück/Werkzeug muß entweder durch
Erhöhung der Steifigkeit und Reduzierung der Massenträg-

heitsmomente beseitigt werden oder aber durch direkte
Lagemessung (steife Koppelung des Werkstücks/Werkzeugs
mit dem Support vorausgesetzt) wenigstens im Beharrungszustand kompensiert werden (vergleiche 3.2.3)

Im Vorschubbereich muß grundsätzlich jede <u>Begrenzung</u> der
Beschleunigung vermieden werden durch
  -Motoren (Verstärker) mit hohem Drehmoment (Kraft) [17]
  -Verminderung der Beanspruchung durch Reibung und
   Schnittkräfte
  -Gewichtsausgleich bei vertikalen Achsen
  -Verwendung eines Getriebes mit optimaler Getriebe-
   übersetzung [4,15].

<u>Hysterese bzw. Umkehrspanne</u> der mechanischen Übertragungs-
glieder wird verringert durch
  -Erhöhung der Steifigkeit [1,2,6,19,24]
  -Reduzierung der trockenen Reibung
  -Verspannen von Lagern, Spindel, Mutter ... (Spiel-
   freiheit).

4.2 Programmierung

Jede konstruktive Änderung erfordert häufig zusätzlichen
technischen und wirtschaftlichen Aufwand. Deshalb ver-
sucht man, nicht die Ursachen von Signalversorrungen, sondern deren Auswirkungen auf Bahnabweichungen durch entsprechende <u>Programmierung</u> zu beeinflussen wie zum Beispiel
durch

  - Reduzierung der Bahngeschwindigkeit bei großen
    Bahnrichtungsänderungen
  - Setzen von Zwischenpunkten und Anhalten bei Rich-
    tungsänderungen (z.B. Umfahren einer Ecke mit pro-
    grammiertem Halt)
  - Achsparalleles Anfahren auf Kreisen usw.

Das bedeutet
  - hohe Anforderungen an den Programmierer
  - große Bearbeitungszeiten
  - Rattern bei programmiertem Halt z.B. in Innenecken
  - Freischneiden bei programmiertem Halt.

Da die gezeigten programmiertechnischen Maßnahmen im
wesentlichen nur Nachteile mit sich bringen, wird im
folgenden untersucht, welchen Einfluß Sollbahn- und
Führungsgrößenverzerrungen im Interpolator auf Bahnabweichungen aufweisen.

4.3 <u>Interpolation</u> (Sollbahn- und Führungsgrößenverzerrung)

<u>Sollbahnverzerrung</u> $\left[25\right]$

Jede gewollte Verzerrung von Sollbahnen setzt immer Kenntnisse über die Eigenschaften bzw. Parameter der Lagesteuerungen voraus, weil abhängig von Art und Größe der Parameter die Verzerrung der Sollbahn durchgeführt werden muß.
Die Parameter der Lagesteuerungen sind aber in den wenig-
sten Fällen konstant und meist abhängig von der Temperatur, von der Belastung, von Größe und Richtung der Schnitt-
und Reibkräfte, vom Werkstoff und Werkzeug, von der Lage
des Supports, vom Alter (Verschleiß) und von der Wartung.
Deshalb können im allgemeinen

- Umkehrspannen bzw.
- Versatz durch unterschiedliche Dynamik der mechanischen
  Übertragungsglieder oder
- Bahnverzerrungen durch unterschiedlich große und
  veränderliche Geschwindigkeitsverstärkung

durch Sollbahnverzerrung nur bedingt kompensiert werden.

<u>Führungsgrößenverzerrung</u>

Bei der Führungsgrößenverzerrung wird im Gegensatz zur
Sollbahnverzerrung <u>nicht</u> die Sollbahn verzerrt, sondern
nur die zeitliche Vorgabe der Lagesollwerte durch den
Interpolator $x_s(t)$, $y_s(t)$... .

Hierdurch reduziert sich das Frequenzspektrum, das von
den Lagesteuerungen übertragen werden muß.
Die Führungsgrößenverzerrung kann unabhängig von den
Kenndaten der Lagesteuerungen durchgeführt werden.

Im folgenden wird an einigen Beispielen die Auswirkung
der zeitlichen Verzerrung der Führungsgrößen auf die
Bahnabweichungen aufgrund unterschiedlicher Antriebsdynamik, Beschleunigungsbegrenzung und Hysterese gezeigt.
Der Interpolator erzeugt hierbei anstelle von Anstiegsfunktionen stückweise geradlinige und parabelförmige
Erregerfunktionen über der Zeit, wobei im letzteren Fall
die zweite Ableitung $d^2x_s/dt^2 = a_0$ (Beschleunigung der
Sollwertvorgabe) endlich und konstant ist.

Unterschiedliche Antriebsdynamik

Bild 4-3 zeigt am Beispiel ungleicher Antriebsdynamik
$\omega_{0Ax} \neq \omega_{0Ay}$ den Einfluß einer parabelförmigen Sollwertvorgabe (Verzerrung der Führungsgrößen) auf die Bahnabweichungen, die sich beim Umfahren rechtwinkliger Ecken
ergeben. Hierdurch werden die durch ungleiche Antriebsdynamik verursachten Eckenabweichungen abhängig von der
Größe von a_0 reduziert.

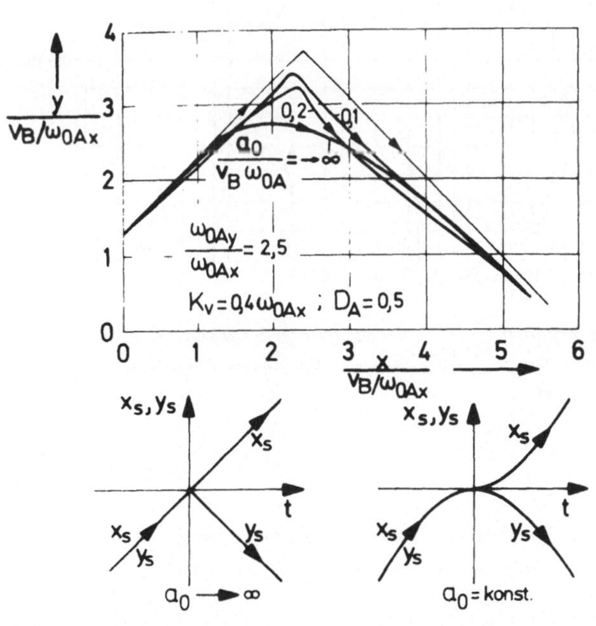

Bild 4-3:

Reduzierung
der Bahnab-
weichungen
durch gewoll-
te Verzerrung
der Führungs-
größen bei
unterschied-
licher An-
triebsdynamik

Beschleunigungsbegrenzung

Durch Verzerrung der Führungsgrößen kann die in den Lagesteuerungen auftretende Beschleunigung a_i reduziert werden. Bestehen die Erregerfunktionen aus Parabelbögen, deren zweite Ableitung nach der Zeit konstant (a_0) ist, dann sind auch die bei allen Beschleunigungsvorgängen auftretenden maximalen Beschleunigungen a_{max} stets **k l e i n e r** als a_0:

$$\boxed{a_{max} < a_0}\quad .$$

Deshalb kann über die Wahl der Größe von a_0 die im Antriebssystem auftretende maximale Istbeschleunigung vorherbestimmt werden.

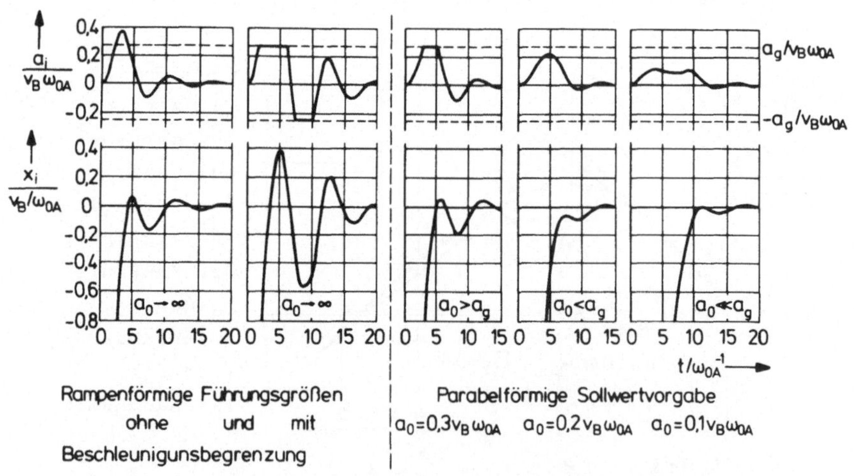

Bild 4-4: Positioniervorgänge bei Beschleunigungsbegrenzung und Führungsgrößenverzerrung (Parabeln)

Bild 4-4 zeigt am Beispiel von Positioniervorgängen ohne und mit Begrenzung der Beschleunigung das Über- und Unterschwingen beim Erreichen der Zielposition, zum einen bei rampenförmiger Führungsgrößenvorgabe, zum andern bei parabelförmiger Sollwertvorgabe über der Zeit. Parameter ist $d^2x_s/dt^2 = a_0$.

Durch parabelförmige Verzerrung der Führungsgrößen ergibt sich hierbei
- Reduzierung der Istbeschleunigung und hierdurch
- Vermeidung der Beschleunigungsbegrenzung
- Reduzierung der Überschwing- und Unterschwingabweichungen beim Positionieren und
- geringere Beanspruchung der Übertragungsglieder.

Allerdings verlängern sich die Positionierzeiten um
$$\Delta t = v_B/a_0.$$

Hysterese im Lageregelkreis

Bild 4-5 zeigt an einem Beispiel den Einfluß von parabelförmigen Eingangsfunktionen auf die durch Hysterese zwischen Geschwindigkeitsmeßsystem und Lagemeßsystem verursachten zusätzlichen Bahnabweichungen beim Umfahren rechtwinkliger Ecken.

Parameter: $a_0 = d^2x_s/dt^2$

Lageregelkreis: $K_v = 0{,}4\,\omega_{OA}$; $D_A = 0{,}5$; $T_t = 0$
$$2x_H = 2v_B/\omega_{OA}.$$

Der Einfluß der zeitlichen Verzerrung der Führungsgrößen auf die durch Hysterese verursachten zusätzlichen Überschwingabweichungen ist, im Gegensatz zu den Eckenab-

weichungen, nur bei erheblicher Reduzierung der Beschleunigung a_0 wirkungsvoll.

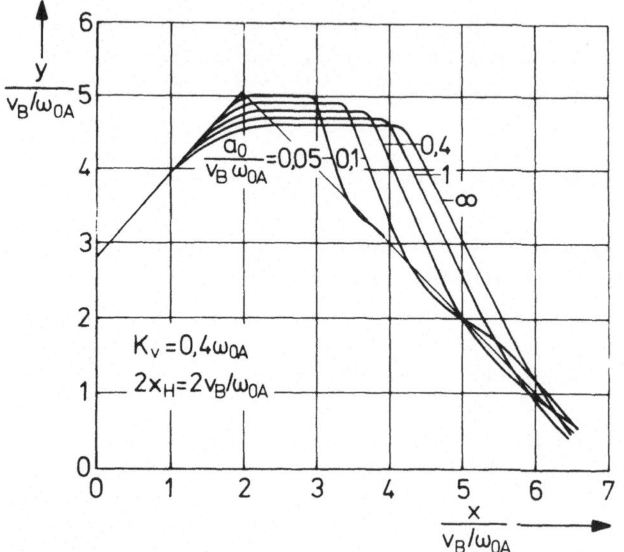

Bild 4-5:

Bahnabweichun-
gen durch Hy-
stereseglieder
beim Umfahren
rechtwinkliger
Ecken und pa-
rabelförmiger
Sollwertvor-
gabe

Im oben gezeigten Beispiel muß die Beschleunigung des
parabelförmigen Eingangssignals auf $a_0 = 0{,}05 \cdot v_B \cdot \omega_{OA}$
zurückgenommen werden, um die durch Hysterese zusätz-
lich verursachte Überschwingabweichung zu halbieren.
Hierdurch dauert das Umfahren der Ecke $\Delta t = v_B / \sqrt{2}a_0$
länger.

Zusammenfassung

Sollbahnverzerrungen zur Reduzierung von Abweichungen
sind nur bedingt von Vorteil, da im allgemeinen die Kenndaten der linearen und nichtlinearen Übertragungsglieder
nicht bekannt, nicht konstant und Funktionen von Zeit, Ort,
Temperatur, Verschleiß usw. sind.
Führungsgrößenverzerrungen reduzieren grundsätzlich diejenigen Bahnabweichungen, deren Ursachen zum einen im
Zeitverhalten und geringem Beschleunigungsvermögen der

Antriebe, zum andern in der Hysterese zwischen Geschwindigkeitsmeßsystem und Lagemeßsystem begründet sind.

Durch Führungsgrößenverzerrung verlängern sich aber die
Bearbeitungszeiten abhängig von der Beschleunigung a_0,
der Bahngeschwindigkeit v_B, der Anzahl von Knickpunkten
der stückweise geradlinigen Sollbahn und der Lage der
stückweise geradlinigen Bahnen bezüglich der natürlichen
Achsen um maximal

$$\Delta t_{max} = \frac{v_B}{a_0} \text{ je Richtungswechsel.}$$

Für die Verzögerung und die anschließende Beschleunigung
wird je Richtungsänderung auf der stückweise geradlinigen
Bahn ein Weg von maximal $v_B{}^2/a_0$ benötigt.

Bahnverzerrungen durch
- unterschiedlich große, konstante Geschwindigkeitsver-
  stärkung in den Lageregelkreisen
- geschwindigkeits-, richtungs- und belastungsabhängige
  Geschwindigkeitsverstärkung
- Umkehrspanne (Hysterese zwischen Lagemeßsystem und
  Werkstück/Werkzeug)
- Hysterese im Lagemeßsystem
- unterschiedliches Zeitverhalten der mechanischen Über-
  tragungsglieder außerhalb des Lageregelkreises
- Beanspruchung der Antriebe aufgrund veränderlicher
  Schnitt- und Reibkräfte

können durch Verzerrung der Führungsgrößen jedoch
n i c h t beeinflußt werden. Außerdem sind hierbei sowohl die Verstärker als auch die Mechanik zum Beispiel
bei Kollision n i c h t gegen Überlastung geschützt.
Hieraus ergibt sich die Forderung, die oben aufgeführten
Ursachen für Bahnverzerrungen bereits beim Entwurf insbesondere durch konstruktive Maßnahmen zu vermeiden oder
wenigstens zu verkleinern.

5   ZUSAMMENFASSUNG

Ausgehend von der theoretischen und experimentellen Analyse
von Lagesteuerungen an numerisch gesteuerten Dreh-, Fräs-,
Zeichenmaschinen und Bearbeitungszentren werden Aussagen ge-
macht über Struktur und Wirkungsweise der Funktionsgruppen
Vorschubantrieb, Lageregelkreis und mechanisches Übertragungssystem.
Hierbei wird insbesondere das Zeitverhalten der Funktionsgruppen unter besonderer Berücksichtigung der mit dem Motor
elastisch gekoppelten Maschine betrachtet und die Kenndaten
der Systeme bei direkter und indirekter Lagemessung ermittelt.

Anhand von Bahnabweichungen, die beim Anfahren und Positionieren auf geradlinigen und kreisförmigen Bahnen
und beim Umfahren von schiefwinkligen Ecken und Kreisen
entstehen, können Lagesteuerungen beurteilt werden.

Hierzu werden in Abhängigkeit von der Totzeit, die aus
der elastischen Koppelung der Maschine und der Laufzeit in den
Verstärkern resultiert, zum einen die Vorschubantriebe und
Lageregelkreise optimiert, zum anderen die Auswirkung der
linearen und nichtlinearen Signalverzerrungen durch die Lagesteuerungen auf die Bahnabweichungen untersucht.
Lineare Signalverzerrungen werden durch das Zeitverhalten
der Komponenten und nichtlineare Signalverzerrungen insbesondere durch die richtungs- und belastungsabhängige
Kenndaten, durch Beschleunigungsbegrenzung und durch Hystereseglieder in den Lagesteuerungen hervorgerufen.

Anhand experimenteller und theoretischer Untersuchungen können typische Bahnverzerrungen aufgezeigt und grafisch dargestellt werden. Die aus der Bahnverzerrung resultierenden Bahnabweichungen sind in Abhängigkeit von der Antriebsdynamik, der Geschwindigkeitsverstärkung, der Laufzeit, der Kenndaten der mechanischen Übertragungsglieder und der Nichtlinearitäten berechenbar. Durch die Nichtlinearitäten müssen hierbei zusätzlich die Lage der Bahnen bezüglich der natürlichen Achsen, die Startbedingungen und die Bahngeschwindigkeit variiert werden. Hieraus ergeben sich solche Konstellationen, bei denen maximale Bahnabweichungen auftreten.

Durch die oben aufgeführten Untersuchungen können jetzt die Einflüsse der unterschiedlichen Parameter der Lagesteuerungen auf Art und Größe der Abweichungen diagnostiziert und die Maßnahmen beurteilt werden, die zu einer Reduzierung der Abweichungen führen sollen (siehe Tabelle).

Es wird gezeigt, daß dies zum Beispiel durch konstruktive Maßnahmen bei der Auswahl und Dimensionierung geeigneter Antriebe und durch Optimierung der Regelkreise möglich ist. Die Vor- und Nachteile, die sich durch Veränderung der Bahngeschwindigkeit und anderer programmiertechnischer Maßnahmen und durch Sollbahn- und Führungsgrößenverzerrung im Interpolator ergeben, werden abgeleitet und einander gegenübergestellt.

Die vorliegende Arbeit beantwortet die Frage, wie sich die Parameter und das nichtlineare Übertragungsverhalten der an der Bahnerzeugung beteiligten Achsen unter Berücksichtigung unterschiedlicher Erregerfunktionen des Interpolators der numerischen Steuerung auf Art und Größe der Bahnabweichungen auswirken.

Funktionsgruppe	Parameter; Ursachen	Bahnabweichungen dargestellt in Bild Nummer	Maßnahmen zur Reduzierung von Bahnabweichungen durch			
			Dimensionierung	Optimierung	Programmierung	Interpolation
Vorschubantrieb	ω_{OA}	3-2...3-6	+	-	o	o
	D_A	2-13...2-15	-	+	o	o
	T_t	2-14 3-2...3-6	+	-	o	o
	a_g	2-17; 4-4 3-14...3-16	+	-	+	+
Lageregelkreis	$\omega_{OAx} \neq \omega_{OAy}$	3-7...3-11 4-3	+	-	o	o
	$\dfrac{\omega_{Omechx}}{D_{mechx}} \neq \dfrac{\omega_{Omechy}}{D_{mechy}}$		+	-	o	o
	K_v (const.)	3-2...3-6	+	+	o	o
	$K_{vx} \neq K_{vy}$	3-13	o	+	-	-
	$K_v \neq$ const.	2-17	+	-	-	-
	$2x_H$ (zwischen G und L)*	2-22; 4-5 3-17...3-25	+	-	o	o
	$2x_H$ (zwischen L u.Lagemeßs.)*	2-21	+	-	-	-
Mechanik außerhalb Lageregelkreis	$\dfrac{\omega_{Omechx}}{D_{mechx}} \neq \dfrac{\omega_{Omechy}}{D_{mechy}}$	3-12	+	-	-	-
	$2x_H$ (Umkehrspanne)		+	-	-	-

+   großer
o   mäßiger } Einfluß auf Bahnabweichungen
-   kein

*G   Geschwindigkeitsgeregelte Bewegungseinheit
  L   Lagegeregelte Bewegungseinheit

Berichte aus dem Institut für Steuerungstechnik der Werkzeugmaschinen und Fertigungseinrichtungen der Universität Stuttgart

Herausgegeben von Prof. Dr.-Ing. G. Stute

ISW 1   **Numerische Bahnsteuerung**
Beitrag zur Informationsverarbeitung und Lageregelung
Von Dr.-Ing. **Dietmar Schmid**,
1972, 89 S. mit 44 Bildern
ISBN 3-540-05834-6,
ISBN 0-387-05834-6
Kart. DM 24,—

ISW 2   **Fräsbearbeitung gekrümmter Flächen**
Flächenbeschreibung, Programmierung und Fertigung
Von Dr.-Ing. **Horst Schwegler**,
1972, 111 S. mit 36 Bildern
ISBN 3-540-05835-4,
ISBN 0-387-05835-4
Kart. DM 24,—

ISW 3   **Numerisch gesteuerte Mehrachsenfräsmaschinen**
Fräsbahnabweichungen aufgrund der Kinematik und Interpolation
Von Dr.-Ing. **Jörg Eisinger**,
1972, 90 S. mit 45 Bildern
ISBN 3-540-05836-2,
ISBN 0-387-05836-2
Kart. DM 24,—

ISW 4   **Rechnersteuerung von Fertigungseinrichtungen**
Beitrag zur Automatisierung der Fertigung durch den Einsatz von Digitalrechnern
Von Dr.-Ing. **Rainer Nann,**
1972, 125 S. mit 45 Bildern
ISBN 3-540-05911-3,
ISBN 0-387-05911-3
Kart. DM 36,—

ISW 5   **Zweiachsige Nachformeinrichtungen**
Untersuchung der Lageregelung bei einem stetigen System
Von Dr.-Ing. **Gerhard Augsten**,
1972, 140 S. mit 71 Bildern
ISBN 3-540-05912-1,
ISBN 0-387-05912-1
Kart. DM 36,—

ISW 6   **Die Automatisierung der Fertigungsvorbereitung durch NC-Programmierung**
Von Dr.-Ing. **Bernhard Karl**,
1972, 121 S. mit 44 Bildern
ISBN 3-540-05913-X,
ISBN 0-387-05913-X
Kart. DM 30,—

ISW 7   **NC-Programmiersystem**
Beitrag zur numerischen Verarbeitung eines geometrischen Werkstückbeschreibungssystems
Von Dr.-Ing. **Helmut Eitel**,
1973, 117 S. mit 49 Bildern
ISBN 3-540-05914-8,
ISBN 0-387-05914-8
Kart. DM 30,—

ISW 8   **Numerische Bahnsteuerung zur Erzeugung von Raumkurven auf rotationssymmetrischen Körpern**
Von Dr.-Ing. **Eckard Knorr**,
1973, 130 S. mit 57 Bildern
ISBN 3-540-06464-8,
ISBN 0-387-06464-8
Kart. DM 36,—

ISW 9   **Viskohydraulischer Vorschubantrieb**
Entwicklung und Erprobung
Von Dr.-Ing. **Siegfried Bumiller**,
1974, 123 S. mit 66 Bildern
ISBN 3-540-06885-6,
ISBN 0-387-06885-6
Kart. DM 36,—

ISW 10   **Grenzregelung an Werkzeugmaschinen**
Beitrag zur Auslegung und Bewertung von ACC-Systemen
Von Dr.-Ing. **Klaus Maier,**
1974, 140 S. mit 68 Bildern
ISBN 3-540-06886-4,
ISBN 0-387-06886-4
Kart. DM 40,—